高等学校计算机应用规划教材

计算机基础题解与上机指导

（第五版）

冯相忠　主　编

侯志凌　张建科　崔振东　毕振波　管林挺　副主编

清华大学出版社

北　京

内 容 简 介

本书是与教材《计算机基础(第五版)》配套的题解与上机实验。其主要内容包括《计算机基础(第五版)》各章内容(信息与计算机基础知识、操作系统、Word 2010 文字处理软件、Excel 2010 表格处理软件、PowerPoint 2010 演示文稿软件、计算机网络基础知识、数据库基础与 Access 2010、微机的组装与维护)的基本知识点和重点难点、习题、参考答案、上机实验练习指导,其中基本知识点和重点难点有利于对全书内容的宏观把握,多种类型的习题有利于从不同角度理解各知识点,上机实验练习指导有利于提高实践动手能力。本书内容覆盖全国及浙江省计算机等级(一级)考试的考试大纲规定的内容。

本书可作为高等院校本、专科各专业学生学习计算机基础知识的辅助用书,也可作为各类计算机培训机构和自学者的参考用书。

图书在版编目(CIP)数据

计算机基础题解与上机指导 / 冯相忠　主编. —5 版. —北京:清华大学出版社,2019
(高等学校计算机应用规划教材)
ISBN 978-7-302-53450-1

Ⅰ. ①计… Ⅱ. ①冯… Ⅲ. ①电子计算机—高等学校—教学参考资料 Ⅳ. ①TP3

中国版本图书馆 CIP 数据核字(2019)第 162997 号

责任编辑:胡辰浩
封面设计:孔祥峰
版式设计:妙思品位
责任校对:牛艳敏
责任印制:沈　露

出版发行:清华大学出版社
　　　　　网　　　址:http://www.tup.com.cn,http://www.wqbook.com
　　　　　地　　　址:北京清华大学学研大厦 A 座　　　　邮　　编:100084
　　　　　社 总 机:010-62770175　　　　　　　　　　邮　　购:010-62786544
　　　　　投稿与读者服务:010-62776969,c-service@tup.tsinghua.edu.cn
　　　　　质 量 反 馈:010-62772015,zhiliang@tup.tsinghua.edu.cn
印 装 者:清华大学印刷厂
经　　销:全国新华书店
开　　本:185mm×260mm　　印　　张:10.75　　字　　数:275 千字
版　　次:2010 年 8 月第 1 版　　2019 年 8 月第 5 版　　印　　次:2019 年 8 月第 1 次印刷
印　　数:1~3000
定　　价:45.00 元

产品编号:084340-01

前　言

"计算机基础"是学生学习计算机知识的入门课程，这门课程的知识面广且实践性强，内容包括信息与计算机基础知识、操作系统、Word 文字处理软件、Excel 表格处理软件、PowerPoint 演示文稿软件、计算机网络与 Internet 的基础知识、数据库技术与 Access 数据库管理软件、微机的组装与维护等。因为这门课程的知识是深入学习其他计算机知识的基础，所以必须花时间掌握它。

如何能在比较短的时间内，让学生掌握"计算机基础"课程的内容，是计算机教育工作者要研究的课题。有的学生在学习"计算机基础"知识时，面对厚厚的教材，往往抓不住应该掌握的知识点；有的学生感觉"计算机基础"中的一些题很难回答；有的学生不清楚在上机实验时应该做些什么，以及如何做。编写本书的目的就是为学生掌握"计算机基础"知识提供帮助。

本书对《计算机基础(第五版)》各章知识进行了梳理，指出了各章的基本知识点和重点难点内容，便于学生学习各章的内容，学生可以根据这些知识点来掌握各章的知识体系。本书收集了各种类型的习题，有单项选择题、双项或多项选择题、判断正误题、填空题、简答题。除简答题外，其他题都有参考答案。因为简答题答案的篇幅比较长，因此没有全部列出，学生可自行在《计算机基础(第五版)》中查找。本书结合各章内容，安排了一些上机实验练习，每个实验详细地给出了实验目的和实验内容以及实验的具体做法，通过这些上机实验练习，学生可以逐步学会各章的操作技术，提高实践动手能力。

本书与《计算机基础(第五版)》配套使用，涵盖了全国计算机等级考试以及浙江省计算机等级考试(一级)的内容，可以作为计算机等级考试的辅导材料之一。本书内容比较丰富，在教学过程中，可以根据课时和考试的具体要求，对书中的内容进行取舍。本书条理清楚，语言流畅，通俗易懂，可作为高等院校本、专科各专业学生学习计算机基础知识的辅助用书，也可作为各类计算机培训机构和自学者的参考用书。

本书除浙江海洋大学的主编和副主编外，参与编写的人员还有亓常松、王广伟、叶其宏、乐天、李鑫、江有福、宋广军、陈荣品、郑芸、吴远红、张威、高禹、顾沈明、黄海峰、谭小球等。

由于编者水平有限，编写时间比较紧，书中难免有不当之处，敬请读者批评指正。我们的信箱为 huchenhao@263.net，电话为 010-62796045。

编　者
2019 年 5 月

目　录

第 1 章

信息与计算机基础知识

1.1 基本知识点

1. 信息与信息技术

在早期，信息是指音信或消息。现在，人们一般认为信息是客观事物的特征和变化的一种反映，这种反映借助于某些物质载体并通过一定的形式(如文字、符号、色彩、味道、图案、数字、声音、影像等)表现和传播，它对人们的行为或决策有现实的或潜在的价值，可以消除对客观事物认识的不确定性。

信息技术(Information Technology, IT)主要包括计算机技术、通信技术、传感技术和控制技术。广义而言，信息技术是指能充分利用与扩展人类信息器官功能的各种方法、工具与技能的总和。狭义而言，信息技术是指利用计算机、网络、广播电视等各种硬件设备、软件工具与科学方法，进行信息处理的技术之和。

2. 计算机的产生与发展

计算机是一种高度自动化的电子设备，它能接收和存储信息，并按照存储在其内部的程序对输入的信息进行加工、处理，得到人们所期望的结果，然后把处理结果输出。

世界上第一台计算机 ENIAC 于 1946 年诞生于美国。若按计算机中所采用的电子逻辑器件来划分，可以分为 4 代，分别是电子管时代、晶体管时代、中小型集成电路时代和大规模集成电路时代。

未来的计算机将向巨型化、微型化、网络化、智能化方向发展。除了以上几个发展方向外，人们还将研究光子计算机、生物计算机、超导计算机、纳米计算机、量子计算机等。研究的目标是打破现有计算机的基于集成电路的体系结构，使得计算机能够像人类那样具有思维、推理和判断能力。

3. 计算机的分类和应用

计算机按工作原理来分，可以分为数字计算机、模拟计算机和数字模拟混合计算机；按性能和规模来分，可分为巨型机、大型机、中型机、微型机和工作站；按功能和用途来分，可分为通用计算机和专用计算机。

计算机被广泛应用到各个领域，包括大型的科学计算、数据处理、实时控制、通信和文字处理、计算机辅助系统和人工智能等几大类。

4. 数据单位与数制

计算机的最小信息容量单位是位，最小存储单位是字节，基本单位是字。"位"指二进制的一位，只能存储一位 0 或 1；"字节"由 8 个"位"组成，用 B 表示；在计算机中，一串数码作为一个整体来处理或运算，称为一个计算机字，简称字(word)。字的长度用二进制位数来表示，通常将一个字分为若干字节。例如，16 位微机的一个字由 2 字节组成，32 位微机的一个字由 4 字节组成。在计算机的存储器中，通常每个单元存储一个字。在计算机的运算器和控制器中，通常都是以字为单位进行信息传送的。

计算机中更大的计量单位有千字节(KB)、兆字节(MB)、吉字节(GB)和太字节(TB)。
$1KB=1024B=2^{10}B$，$1MB=1024KB=2^{20}B$，$1GB=1024MB=2^{30}B$，$1TB=1024GB=2^{40}B$。

人们习惯上使用十进制数，但是计算机内部采用二进制进行存储和运算等。实际上，任何一个数都可以用八进制、十进制或十六进制表示，而且不同数制的数可以相互转换。

5. 字符编码

原码、反码和补码是把符号位和数值位一起编码的表示方法。原码：符号位为 0 时表示正数，符号位为 1 时表示负数，数值部分用二进制数的绝对值表示，称为原码表示方法。数 0 的原码有两个值，分别是 00000000 和 10000000。反码：对于正数，其反码与原码相同。对于负数，在求反码时，是将其原码除符号位之外的其余各位按位取反。数 0 的反码也有两种形式，分别是 00000000 和 11111111。补码：正数的补码与其原码相同。负数的补码是先求其反码，然后在最低位加 1。数 0 的补码只有一种表示形式，即 00000000。

计算机中采用美国信息交换标准代码(简称为 ASCII 码)进行字符编码。一个 ASCII 码在计算机内分配一个字节，最高位是 0。ASCII 码是根据英语习惯来设计的，而对于汉字编码却远远不够，所以我国采用中华人民共和国国家标准信息交换汉字编码(俗称国标码)对汉字进行编码。汉字编码的内码是计算机系统存储和处理汉字信息所用的代码。一个内码占 2 字节，每个字节的最高位都是 1。将国标码的每字节加上 80H 即为内码，汉字编码的外码是指输入码、打印码和显示码。

Unicode(Universal Multiple-octet Coded Character Set)是一种由国际组织设计的编码方法，可以容纳全世界所有文字的字符编码方案。

6. 计算机系统

计算机系统由硬件系统和软件系统组成。硬件系统包括运算器、控制器、存储器、输入设备和输出设备。软件系统分为系统软件和应用软件，系统软件包括操作系统、服务软件、编译或解释系统；应用软件则包括用户程序和应用软件包。

7. 计算机的硬件组成

(1) 中央处理器(CPU)是计算机系统的核心，包括运算器和控制器两个部分。

(2) 存储器分为内存和外存。内存由半导体存储器组成，存取速度快、价格高、容量小，内存又分为随机存储器(RAM)和只读存储器(ROM)；常用的外存有磁盘和光盘。

(3) 输入设备和输出设备：最常用的输入设备有键盘和鼠标，最常用的输出设备有显示器和打印机。外存储器、输入设备和输出设备统称为外设。

(4) 总线：分为数据总线(DB)、地址总线(AB)和控制总线(CB)。

8. 指令、程序和语言

指令规定了计算机能够执行的基本操作。程序就是使得计算机做某项特定操作的指令序列的集合。编写计算机程序的过程称为程序设计。计算机工作的过程就是执行程序的过程。语言分为机器语言和高级语言，机器语言是指由 CPU 能够直接执行的指令序列而组成的程序，高级语言则需要将源程序转换成机器语言程序(目标程序)后才能由 CPU 执行。高级语言分为两种：一种是面向过程的程序设计语言，如 BASIC、Fortran、C 等；另一种是面向对象的程序设计语言，如 VB、Delphi、C++、Java、C#等。

9. 数据结构与算法

数据结构是计算机存储和组织数据的方式，是指相互之间存在一种或多种特定关系的数据元素的集合。简单地说，数据结构是数据的组织、存储和运算的总和。数据结构的概念一般包括 3 个方面：第一是数据的逻辑结构，逻辑结构可以看作是从具体问题抽象出来的数学模型；第二是数据的存储结构(即物理结构)，存储结构是逻辑结构在计算机内的表示；第三是数据的运算，即对数据的加工和处理等各种操作。

算法是对解决某个问题的方法和步骤的一种描述。算法具有以下几个特点：第一是有穷性，即任何一个算法应该包含有限的操作步骤，而不能是无限的。第二是确定性，即算法中的每一个步骤都应当是确定的、含义是唯一的，不能含糊、模棱两可。第三是可行性，即算法中的每一个步骤都是可行的，算法中的每一个步骤都能有效地执行。第四是有零个或若干个输入。第五是有一个或多个输出。

10. 计算机病毒及其防治

计算机病毒是具有自我复制能力的计算机程序，它以破坏计算机系统正常工作为目的。一个病毒程序通常由病毒引导、传染和发作三部分组成。由于计算机病毒有很强的隐蔽性、潜伏性、传播性和激发性，因此它具有很强的破坏性和危害性，它的最主要特征就是破坏性和传染性。预防病毒可以采用多种措施：一是尽可能用硬盘中无毒的操作系统启动系统，而不要用 U 盘启动系统；二是尽量不要使用外来磁盘、光盘或复制他人的软件，除非做过彻底的检查；三是坚持经常做好备份；四是经常利用正规的杀毒软件对磁盘和文件进行检查；五是不从网上下载来历不明的软件；六是收到电子邮件后，应先查毒，后阅读。

11. 多媒体技术与多媒体计算机

媒体是指信息表示和传播的载体。在计算机领域，主要媒体有：感觉媒体、表示媒体、显示媒体、存储媒体和传输媒体。

多媒体(Multimedia)是指将多种不同但相互关联的媒体(如文字、声音、图形、图像、动画、视频等)综合集成到一起而产生的存储、传输和表现信息的全新载体。

多媒体技术是对多种信息媒体进行综合处理的技术，它将数字、文字、声音、图形、图像和动画等各种媒体有机组合起来，利用计算机、通信和广播电视技术，使它们建立起逻辑联系，并能对它们进行加工处理。

多媒体计算机的主要技术包括：视频和音频数据的压缩和解压缩技术，超大规模集成(VLSI)电路制造技术，专用芯片，大容量存储器，虚拟现实技术(VR)，多媒体的数字水印技术，超媒体技术，以及研制适用于多媒体技术的软件。

多媒体计算机(MPC)是指具有处理多媒体功能的个人计算机。多媒体计算机的硬件系统由主机、多媒体外部设备接口卡和多媒体外部设备构成。多媒体外部设备按照功能可分为4类：一是视频/音频输入设备(如摄像机、录像机、影碟机、扫描仪、话筒、录音机激光唱盘和MIDI合成器等)；二是视频/音频输出设备(如显示器、电视机、投影电视、扬声器、立体声耳机等)；三是人机交互设备(如键盘、鼠标、触摸屏、光笔等)；四是数据存储设备(如CD-ROM、磁盘、可擦写光盘等)。

1.2 重点与难点

1. 重点

本章重点是：信息与信息技术的概念、计算机的概念及分类，不同数制之间的相互转换，计算机的数据与编码，计算机硬件系统和软件系统的组成。

2. 难点

本章难点是：数据单位、字符编码和汉字编码；各种数制之间的转换；计算机的系统配置及主要技术指标。

1.3 习 题

1.3.1 单项选择题

1. 物质载体的多样性，导致信息的表现和传播形式具有多样性，离开_____，信息就无法表现和传播。

    A. 物质载体   B. 计算机   C. 网络   D. 电路

2. 信息是客观事物特征和变化的真实反映，这说明信息具有＿＿＿＿＿。

    A. 传递性　　　　　B. 客观性　　　　　C. 广泛性　　　　　D. 不灭性

3. 在信息社会中，信息成为比物质和能源更为重要的资源，以开发和利用信息资源为目的的信息经济活动迅速扩大，＿＿＿＿＿＿将成为社会的支柱产业之一。

    A. 芯片制造　　　　B. 网络互联设备　　C. 笔记本电脑　　　D. 信息产业

4. 信息技术能够充分利用与扩展人类＿＿＿＿＿＿器官的功能。

    A. 语言　　　　　　B. 信息　　　　　　C. 视觉　　　　　　D. 听觉

5. 电子商务依赖于计算机技术和网络通信技术的迅速发展和广泛应用，可以将电子商务理解为交易各方以＿＿＿＿＿＿方式进行的任何形式的商业交易。

    A. 货币　　　　　　B. 安全　　　　　　C. 电子　　　　　　D. 记账

6. 第二代电子计算机采用的主要电子元件是＿＿＿＿＿＿。

    A. 晶体管　　　　　　　　　　　　　B. 电子管

    C. 集成电路　　　　　　　　　　　　D. 超大规模集成电路

7. 第一台电子计算机诞生于＿＿＿＿＿＿年。

    A. 1945　　　　　　B. 1946　　　　　　C. 1950　　　　　　D. 1952

8. 下列叙述不是电子计算机特点的是＿＿＿＿＿＿。

    A. 运算速度高　　　　　　　　　　　B. 运算精度高

    C. 具有记忆和逻辑判断能力　　　　　D. 运行过程不能自动、连续，需人工干预

9. 第三代计算机时期，在软件上出现了＿＿＿＿＿＿。

    A. 机器语言　　　　　　　　　　　　B. 高级程序设计语言

    C. 操作系统　　　　　　　　　　　　D. 汇编语言

10. 计算机内部是以＿＿＿＿＿＿形式来传送、存储、加工和处理数据或指令的。

    A. 二进制编码　　　B. 十六进制编码　　C. 八进制编码　　　D. 十进制编码

11. 以下各类计算机中，表示数据最为精确的是＿＿＿＿＿＿。

    A. 巨型计算机　　　B. 大型计算机　　　C. 小型计算机　　　D. 微型计算机

12. 第一个微处理器芯片诞生于＿＿＿＿＿＿年。

    A. 1946　　　　　　B. 1951　　　　　　C. 1971　　　　　　D. 1973

13. 第一个微处理器芯片是＿＿＿＿＿＿位的。

    A. 4　　　　　　　　B. 8　　　　　　　　C. 16　　　　　　　D. 32

14. 微型计算机是随着＿＿＿＿＿＿的发展而发展起来的。

    A. 晶件管　　　　　B. 电子管　　　　　C. 网络　　　　　　D. 集成电路

15. 就工作原理而论，当代计算机都是基于＿＿＿＿＿＿提出的存储程序控制原理。

    A. 图灵　　　　　　B. 牛顿　　　　　　C. 布尔　　　　　　D. 冯·诺依曼

16. 1983 年，我国＿＿＿＿＿＿亿次巨型机在国防科技大学诞生，它的研制成功使中国成为继美、日等国之后能够独立设计和制造巨型机的国家。

    A. "银河"　　　　　B. "曙光"　　　　　C. "天河"　　　　　D. "星云"

17. 一台计算机有 20 位地址总线，16 位数据总线，则其存储容量为＿＿＿＿＿＿。

    A. 640K　　　　　　B. 1M　　　　　　　C. 2M　　　　　　　D. 4M

18. _____是不合法的八进制数。

    A. 1023   B. 3128   C. 6120   D. 7777

19. 将十进制数 0.6531 转换为二进制数是_____。

    A. 0.101001   B. 0.101101   C. 0.110001   D. 0.111011

20. 将十六进制数 163.5B 转换成二进制数为_____。

    A. 1101010101.1111001   B. 110101010.11001011

    C. 1110101011.1101011   D. 101100011.01011011

21. 将十进制数 35 转换成八进制数为_____。

    A. 41   B. 43   C. 45   D. 47

22. 下列数据中最小的是_____。

    A. 11011001(二进制数)   B. 75(十进制数)

    C. 72(八进制数)   D. 57(十六制数)

23. 设数据长度为八位二进制，则二进制数–1111111 的补码为_____。

    A. 10000000   B. 0000001   C. 10000001   D. 1000000

24. 在符号数表示中，采用二进制是因为_____。

    A. 可降低硬件成本   B. 两个状态的系统具有稳定性

    C. 二进制的运算法则简单   D. 上述三个原因

25. 如果某计算机语言的整型长度为 16 位，则其能表示的最大无符号十进制整数为_____。

    A. 32767   B. 32768   C. 65535   D. 65536

26. 就数量而言，计算机应用最为广泛的是_____。

    A. 科学计算   B. 数据处理

    C. 人工智能   D. 辅助系统

27. 计算机主要由_____、存储器、输入输出设备等构成。

    A. 硬盘   B. 软盘   C. 键盘   D. 中央处理器

28. 中央处理器(CPU)不包含_____部分。

    A. 控制单元   B. 运算部件   C. 存储单元   D. 输出单元

29. 以下属于内存的一部分，CPU 对其只能读取不能修改的存储设备是_____。

    A. RAM   B. ROM   C. CD-ROM   D. 以上都不对

30. 若计算机运行过程中突然断电，下列存储设备中的信息会丢失的是_____。

    A. ROM   B. RAM   C. 硬盘   D. 软盘

31. 分析程序中的指令是_____部件的功能。

    A. 算术逻辑部件   B. 存储器   C. 控制器   D. 输入输出设备

32. 微型机系统中，对输入输出设备进行管理的基本程序放在_____中。

    A. 随机存储器   B. 只读存储器

    C. 硬盘   D. 寄存器

33. 以下设备中既可作为输入设备，也可作为输出设备的是_____。

    A. 键盘   B. 显示器   C. 打印机   D. 软盘驱动器

34. _____键可用于在插入和改写两种编辑状态间的切换。

    A. Insert   B. Caps Lock   C. Home   D. End

35. 标准输入设备常指_____。

    A. 鼠标   B. 键盘   C. 扫描仪   D. 显示器

36. 标准输出设备指_____。

    A. 显示器   B. 打印机   C. 绘图仪   D. 传真机

37. 按_____键,可删除光标所在位置的一个字符。

    A. Insert   B. Delete   C. Backspace   D. Break

38. 速度快、分辨率高的打印机是_____打印机。

    A. 点阵式   B. 喷墨   C. 激光   D. 击打式

39. 字节在计算机中作为计量单位,一字节由_____个二进制位组成。

    A. 32   B. 16   C. 10   D. 8

40. 计算机的内存储器采用_____存取方式。

    A. 随机   B. 索引   C. 顺序   D. 直接

41. 人们常说的某计算机的内存是16MB,就是指它的容量为_____字节。

    A. 16×1024×1024   B. 16×1000×1000

    C. 16×1024   D. 16×1000

42. 硬盘和软盘是常见的两种外存储器,在第一次使用时_____进行格式化。

    A. 都必须   B. 可直接使用,不必

    C. 只有软盘才需要   D. 只有硬盘才需要

43. 存储在硬盘的信息_____。

    A. 是由生产厂家写入的,无法更改

    B. 只能写入,无法删除

    C. 可以临时存放,断电就会丢失

    D. 可以长期永久地保存,不会因断电而丢失

44. 一次可编程只读存储器简称为_____。

    A. ROM   B. PROM   C. EPROM   D. EEPROM

45. CPU中有若干存放数据的部件,称为_____。

    A. 存储器   B. 辅存   C. 寄存器   D. 主存

46. 以下存储设备中,速度最快的是_____。

    A. 软盘   B. 硬盘   C. U盘   D. RAM

47. 以下叙述错误的是_____。

    A. 磁道由内而外编号   B. 磁盘的磁道是宽度很小的同心圆

    C. 每磁道存储数据容量相同   D. 磁道所存储数据容量与其周长无关

48. 单面单层的DVD光盘可存储_____的信息。

    A. 650MB   B. 4.7GB   C. 10GB   D. 17.8GB

49. 若某个光盘驱动器是40倍速的,那么它的传输速度是_____。

    A. 150KB/s   B. 4×150KB/s   C. 40×150KB/s   D. 40×100KB/s

50. 为达到某一目的而编制的计算机指令序列称为_____。
   A. 软件　　　　　　B. 程序　　　　　　C. 字符串　　　　　　D. 命令

51. 下列软件中，不属于系统软件的是_____。
   A. 操作系统　　　　　　　　　　　B. C 语言编译程序
   C. Microsoft Word 2000　　　　　　D. KILL 杀病毒软件

52. Basic 语言适合于初学者进行交互式程序设计，它是一种_____。
   A. 低级语言　　　　B. 机器语言　　　　C. 汇编语言　　　　D. 高级语言

53. 编译程序的作用是_____。
   A. 对目标程序装配链接　　　　　　B. 将高级语言源程序翻译成机器语言程序
   C. 对源程序边扫描边翻译执行　　　D. 将汇编语言源程序翻译成机器语言程序

54. 机器语言程序在机器内以_____形式表示。
   A. BCD 码　　　　B. 二进制编码　　　　C. ASCII 码　　　　D. 十六进制编码

55. 计算机用_____方式管理程序和数据。
   A. 二进制代码　　　B. 文件　　　　　C. 存储单元　　　　D. 目录区和数据区

56. 使用高级语言编程，编译时发现的错误是_____。
   A. 符号使用错误　　B. 逻辑错误　　　C. 语法错误　　　　D. 模块未定义错误

57. 以下不属于机器代码的特点的是_____。
   A. 面向机器　　　　B. 容易阅读　　　C. 很难阅读　　　　D. 很难编写

58. 以助记符代替机器码的语言是_____。
   A. 高级语言　　　　B. 汇编语言　　　C. Java 语言　　　　D. C 语言

59. 可以进行逐行读取、翻译并执行源程序的是_____。
   A. 操作系统　　　　B. 解释程序　　　C. 编译程序　　　　D. 翻译程序

60. 可以计算给定的首地址和末地址之间的存储空间的大小。计算公式是：存储空间=末地址-首地址+_____。
   A. 0　　　　　　　　B. 100　　　　　　C. 2　　　　　　　　D. 1

1.3.2　判断正误题

1. 信息的含义不会随着时代的发展而发生变化。由于人们在早期认为信息只是指音信或消息，所以现在人们仍然认为信息只是指音信或消息。

2. 文字是信息表现和传播的唯一形式。

3. 信息对人们的行为或决策有现实或潜在的价值，它可以消除对客观事物认识的不确定性。

4. 信息的传递不受时间或空间限制。信息在空间中的传递称为通信；信息在时间上的传递称为存储。

5. 狭义而言，信息技术是指利用计算机、网络、广播电视等各种硬件设备、软件工具与科学方法，进行信息处理的技术之和。

6. 第二代电子计算机以电子管作为主要逻辑元件。

7. 第一台利用存储程序和程序控制原理的电子计算机诞生于 1946 年。

8. 计算机发展史上的第三代计算机是微型计算机。

9. 计算机语言只能是二进制的机器语言。

10. 现代的计算机被称为冯·诺依曼型计算机。

11. 计算机的字长是指计算机的运算部件能同时处理的二进制数据的位数。

12. 计算机的存储容量由其地址总线的数目所决定。

13. 冯·诺伊曼是存储程序控制观念的创始者。

14. 数值 0 的原码表示因为将其看作正 0 或负 0 而有不同的结果。

15. 正数的原码、反码和补码都相同。

16. 决定计算机计算精度的主要技术指标是计算机的运算速度。

17. 因为计算机内部的电子部件通常只有导通和截止两种状态，所以计算机中，信息用 0 和 1 表示即可。因此人们在计算机中使用二进制数。

18. 利用大规模集成电路技术把计算机的运算部件和控制部件做在一块集成电路芯片上，这样的一块芯片叫作 CPU。

19. 存储器完成一次数据的读(取)或写(存)操作所需要的时间称为存储器的访问时间，连续两次读或写所需的最短时间称为存取周期。

20. 电源关掉后，RAM 存储器中的信息便丢失。

21. 在计算机中采用二进制是因为二进制的运算比较简单。

22. 从信息的输入、输出角度看，磁盘既是输入设备，又是输出设备。

23. 外存储器上的信息不可以直接进入 CPU 而进行处理。

24. 计算机由运算器、控制器、存储器、输入设备和输出设备组成。

25. 我国是第 3 个具备研制 10 万亿次/秒巨型机能力的国家。

26. CPU 包括控制器、运算器和主存储器。

27. 程序必须送到主存储器中，计算机才能执行相应的指令。

28. "裸机"指不含外围设备的主机。

29. 16 位字长的计算机是指能计算最大为 16 位十进制数的计算机。

30. 控制器是计算机的控制中心，取址、分析指令、执行指令都由它完成。

31. 键盘上的 Tab 键总是与其他键组合才能实现某一功能。

32. 硬盘驱动器是微机的必不可少的组成部件。

33. 激光打印机是一种点阵击打式打印机。

34. 汇编语言是一种计算机高级程序设计语言。

35. 用高级语言编写的程序需要翻译成机器语言后计算机才能执行。

36. 解释方式执行高级语言程序时不产生目标文件，一边解释，一边执行。而编译方式执行高级语言程序时，将源程序全部翻译成用机器语言表达的目标程序，机器将直接执行目标程序。

37. 面向对象的程序设计语言使用"类"和"对象"来设计程序。

38. 计算机病毒是指编制或者在计算机程序中插入的破坏计算机功能或者破坏数据、影响计算机使用并能自我复制的一组计算机指令或者程序代码。

39. 只使用病毒检测软件就能有效防止各种病毒的入侵。

40. 计算机病毒破坏磁盘上的数据，也破坏磁盘本身。

1.3.3 填空题

1. 信息处理大致经历的 4 个阶段，分别是：原始阶段、手工阶段、_____和现代阶段。

2. IT 是_____的简称，主要包括计算机技术、通信技术、传感技术和控制技术。

3. 广义而言，信息技术是指能充分利用与扩展_____器官功能的各种方法、工具与技能的总和。狭义而言，信息技术是指利用计算机、网络、广播电视等各种硬件设备、软件工具与科学方法，进行_____的技术之和。

4. 数字化是信息技术的一个主要特点。数字化就是将信息用电磁介质或半导体存储器按_____编码的方法进行处理和传输。

5. 减少商品的_____环节和时间是电子商务的基本目标之一。

6. 世界上第一台电子数字计算机诞生于_____国，它的名称是_____，第一台具备存储程序并自动执行的计算机是_____。

7. 第二代计算机所使用的主要电子元件是_____，微机属于第_____代计算机。

8. 未来的计算机将向巨型化、微型化、网络化和_____方向发展。

9. 未来，人们还将研究光子计算机、生物计算机、超导计算机、纳米计算机、量子计算机。研究的目标是打破现有计算机的基于_____的体系结构，使得计算机能够像人那样具有思维、推理和判断能力。

10. 在计算机的主要性能指标中，反映其存储性能的指标主要有存储速率和_____，而计算机表示数据的精度主要反映在_____指标。

11. 第一代计算机主要应用在_____方面，而现代计算机最广泛应用于_____方面。

12. 十进制数 176.725 的二进制表示为_____，八进制表示为_____，十六进制表示为_____。

13. 八进制数与二进制数的转换规则是一位八进制数对应_____位二进制数。

14. 十进制数 202 转换成二进制数是_____，转换成八进制数是_____，转换成十六进制数是_____。将二进制数 01101100 转换成十进制数是_____，转换成八进制数是_____，转换成十六进制数是_____。

15. 世界上第一台微型计算机的 CPU-Intel 4004 的字长是_____位。

16. 冯·诺依曼型计算机的设计思想是_____。

17. 1010BH 是一个_____进制数。

18. 设数据宽度为 8 位，则-12 的原码为_____，补码为_____。

19. 电子计算机中字符表示最广泛使用的编码是_____，其含义为_____，采用_____表示一个编码。

20. 电子计算机中信息表示的最小单位是_____，度量存储容量的基本单位是_____。

21. 中央处理器(CPU)主要包含_____和_____两个部件。

22. 计算机系统由_____和_____两部分组成。

23. 微型计算机的字长取决于它的_____的宽度。80386 微处理器的字长是_____位。

24. 存储器的存储容量通常以能存储多少个二进制信息位或多少个字节来表示，一个字节是指_____个二进制信息位，1MB 的含义是_____字节。

25. 微型计算机的总线包括_____、_____和数据总线。

26. 常见的鼠标器有_____和_____两种。

27. 微机键盘分为_____、_____、_____及编辑区。

28. 显示器上的每一个显示单元被称为_____，全部显示单元的总和称为_____。

29. 辅助存储器又称为_____存储器，它_____(能或不能)与 CPU 直接交换信息。举出常用的 3 种辅助存储器：_____、_____、_____。

30. 只读存储器简称为_____，随机存储器简称为_____。

31. 存储器根据其是否能与 CPU 直接交换信息，可分为_____和_____两种。

32. 硬盘存储器系统由_____、硬盘驱动器接口卡和_____三部分组成。

33. 计算机软件系统按其用途可分为系统软件和_____。

34. 把高级程序设计语言翻译成目标程序的方式通常有_____和_____两种。

35. 常见的低级语言有_____和_____两种。

36. 计算机病毒按其传播途径可分为_____、_____和网络病毒。

37. 举出常用的 3 种杀毒软件：_____、_____和_____。

38. 破坏性和_____是计算机病毒最重要的两个特征。

39. 操作系统是对_____进行控制和管理的系统软件。

40. 多媒体计算机的英文简称为_____。

41. 多媒体计算机与一般计算机相比，_____卡和_____卡两个设备是必备的。

42. ASCII 码是对_____进行编码的一种方案，它是_____代码的缩写。

43. 微型计算机系统的硬件主要由_____、_____和输入输出设备构成。

44. 计算机的五大组成部分是_____、_____、_____、输入设备和输出设备。

45. 计算机中的所有信息在机器内部都是以_____形式存储的。

46. 当计算机在工作时，如果突然停电，RAM 中的信息将会_____(丢失或保存)。

47. 计算机能进行逻辑操作的部件是_____。

48. 在计算机的各种存储器中，_____是访问速度最快的。

49. CPU 是构成计算机的核心部件，它包括_____和_____。

50. 多功能光盘 DVD 有 3 种格式，即_____、一次写入的光盘和可重复写入的光盘。

1.3.4　简答题

1. 简述信息的概念和特点。

2. 简述信息社会的概念和特点。

3. 简述信息技术的应用和发展趋势。

4. 简述电子商务的概念。

5. 企业与消费者之间的电子商务是一种重要的电子商务类型，根据你的网上购物经历，简述企业与消费者之间电子商务的主要过程及特点。

6. 第一台具备存储程序并自动执行的计算机诞生于哪一年？

7. 简述计算机的发展史，并说明每一代所采用的主要电子逻辑器件是什么。

8. 计算机按其规模可以分为哪几类？

9. 如何实现十进制数与二进制数的转换？

10. 如何实现二进制数与八进制数或十六进制数的转换？

11. 下列各信息单位：B、KB、MB、GB、TB 各表示什么含义？

12. 计算机中汉字编码是如何表示的？

13. 计算机硬件系统由哪几部分组成？

14. 计算机软件系统由哪几部分组成？

15. 什么是计算机病毒？计算机病毒的特点是什么？

16. 什么叫计算机软件知识产权？保护计算机软件知识产权有什么重要意义？

17. 微型计算机常用的输入输出设备主要有哪几种？

18. 微型计算机的外存储设备主要有哪几种？

19. 简述几种主要媒体(感觉媒体、表示媒体、显示媒体、存储媒体、传输媒体)的含义。

20. 简述多媒体计算机的主要技术。

1.4 习题参考答案

1.4.1 单项选择题答案

1. A	2. B	3. D	4. B	5. C	6. A	7. B	8. D	9. C	10. A
11. A	12. C	13. A	14. D	15. D	16. A	17. B	18. B	19. A	20. D
21. B	22. C	23. C	24. D	25. C	26. B	27. D	28. D	29. B	30. B
31. C	32. B	33. D	34. A	35. B	36. A	37. B	38. C	39. D	40. A
41. A	42. A	43. D	44. B	45. C	46. D	47. A	48. B	49. C	50. B
51. C	52. D	53. B	54. B	55. B	56. C	57. B	58. B	59. B	60. D

1.4.2 判断正误题答案

1. ×	2. ×	3. √	4. √	5. √	6. ×	7. ×	8. √	9. ×	10. √
11. √	12. √	13. √	14. √	15. √	16. ×	17. √	18. √	19. √	20. √
21. ×	22. √	23. √	24. √	25. √	26. √	27. √	28. ×	29. ×	30. ×
31. ×	32. √	33. ×	34. ×	35. √	36. √	37. √	38. √	39. ×	40. ×

1.4.3 填空题答案

1. 机电阶段

2. 信息技术

3. 人类信息　信息处理

4. 二进制

5. 流通

6. 美，ENIAC，EDVAC

7. 晶体管　四

8. 智能化

9. 集成电路

10. 存储容量　字长

11. 科学计算　数据处理

12. 10110000.1011　260.54　B0.B

13. 3

14. 11111010B　3120　CAH　108　1540　6CH

15. 4
16. 存储程序控制
17. 十六
18. 10001100 11110100
19. ASCII 美国信息交换标准代码，7 位
20. bit Byte
21. 控制器 存储器
22. 硬件系统 软件系统
23. 数据总线 16
24. 8 1024×1024
25. 系统总线 地址总线
26. 机械 光电
27. 功能区 标准打字区 辅助键区
28. 像素 分辨率
29. 外 不能 光盘 磁盘 硬盘
30. ROM RAM
31. 主存 辅存
32. 磁记录介质 磁盘控制器
33. 应用软件
34. 解释方式 编译方式
35. 汇编语言 机器语言
36. 引导型病毒 文件型病毒
37. 瑞星 卡巴斯基 360 安全卫士
38. 传染性
39. 计算机资源
40. MPC
41. 音频 视频
42. 字符 美国信息交换标准
43. CPU 主存
44. 运算器 存储器 控制器
45. 二进制
46. 丢失
47. 运算器
48. 主存储器
49. 运算器 控制器
50. 只读数字光盘

1.4.4 简答题答案

(答案略。请参见教材第一章的内容。)

1.5 上机实验练习

1.5.1 实验一 熟悉计算机的硬件组成

一、实验目的

认识和了解计算机的各种硬件设备。

二、实验内容

到实验室观看计算机的各种硬件设备。

1. 观看输入设备

输入设备是人或外部与计算机进行交互的一种部件，用于数据的输入。常见的输入设备有键盘、鼠标等。

2. 观看输出设备

输出设备是人机交互的一种部件，用于数据的输出。常见的输出设备有显示器、打印机等。

3. 观看存储设备

存储设备是数据或信息的存储部件，包括硬盘、光盘、内存条等。

4. 观看主板

主板是计算机中最重要的部件之一，是整台计算机工作的基础。大致来说，主板由以下几部分组成：CPU 插槽(插座)、内存插槽、高速缓存局域总线和扩展总线、硬盘、软驱、串口、并口等外设接口和 CMOS 主板 BIOS 控制芯片。

5. 观看 CPU

CPU 的全称是 Central Processing Unit，中文名称为中央处理器，控制着整台计算机的运行和工作，是整台计算机的核心。

1.5.2 实验二 键盘的指法练习

一、实验目的

学习键盘的使用，并能够利用计算机键盘进行中英文输入。

二、实验内容

1. 熟悉键盘指法

标准键盘与键盘指法如图 1-1～图 1-3 所示。

图 1-1 标准键盘

图 1-2 基准键及其手指的对应关系

图 1-3 键盘指法示意图

2. 英文打字练习(输入以下各练习的内容)

练习一

The hardest thing in the world to understand is the income tax. The important thing is not to stop questioning. The most beautiful thing we can experience is the mysterious. It is the source of all true art and science. The most incomprehensible thing about the world is that it is comprehensible. The secret to creativity is knowing how to hide your sources. We should take care not to make the intellect our god; it has, of course, powerful muscles, but no personality.

练习二

Marriage is the triumph of imagination over intelligence. Second marriage is the triumph of hope over experience. People who are sensible about love are incapable of it. A man needs a mistress, just to break the monogamy. Before you find your handsome prince, you have to kiss a lot of frogs. Contention is better than loneliness. Good friends stab you in the front. Hatred is toxic waste in the river of life. Hearts are often broken when words are unspoken. Her kisses left something to be desired -- the rest of her. I'd like to meet the man who invented sex and see what he's working on now. If there is anything better than being loved, it's loving.

表 1-1 和表 1-2 说明了一些特殊键的作用。

表 1-1 标准打字键区控制键的作用

键	功 能
Tab	跳格键。每按一次，光标在屏幕上移动 8 列
Caps Lock	字母大小写转换键。在键盘的右上角有一个与之对应的标识灯，灯亮时处于大写状态
Shift	上档键。其作用有两种：一是用于字母大小写的临时切换，二是用于取得双档键的上档字符。如 ":" 的输入可先按住 Shift 键，再按下 ":" 所在的键
Ctrl	控制键。必须和其他键联合使用，以完成某些特定功能。如： Ctrl+Break 用于中断某些操作 Ctrl+P 用于打印机和计算机之间的联机与脱机
Alt	选择键。必须和其他键联合使用，以完成某些特定功能。如在 Windows XP 系统下，Alt+F4 快捷键表示关闭应用程序窗口
Enter	回车键，在 DOS 下是命令行结束的标识，在编辑状态下用于换行
Backspace	退格键，用于删除光标左边的一个字符

表 1-2 编辑键区部分编辑键的作用

键	功 能
Home	将光标移到行首
End	将光标移到行尾
Page Up	向前翻页
Page Down	向后翻页
Insert	插入/改写状态切换
Delete	删除光标右边的一个字符

3. 中文打字练习(输入以下各练习的内容)

练习一

计算机网络是现代通信技术与计算机技术相结合的产物。所谓计算机网络，就是把分布在不同地理区域的计算机系统通过专用的外部设备和通信线路连接起来，在网络软件的控制、管理下，实现网络上软硬件资源共享的系统。计算机网络的使用克服了单个计算机应用的局限性，极大地延伸了单机的使用功能。

从网络的定义可知，计算机网络具有以下特点。

(1) 联网的计算机需要一台以上且各自独立构成系统。也就是说，各计算机或计算机系统之间没有主从关系。

(2) 各计算机或计算机系统之间是相互连接的。这种连接不一定用导线连接，也可以通过微波或通信卫星连接。

(3) 需要有网络协议的支持。不符合协议的计算机互联不叫计算机网络。

练习二

黑客(Hacker)是指通过网络非法入侵他人系统，截获或篡改计算机数据，危害信息安全的计算机入侵者。黑客最初还是褒义词，随着各种人员入侵他人网络事件的增多，造成的危害与日俱增，黑客已变成恐慌的代名词。黑客们非法侵入有线电视网、在线书店和拍卖点，甚至政府部门的站点，更改内容，窃取敏感数据，今天"黑客"一词已与"破坏者"，甚至"盗贼"等同。

黑客使用黑客程序入侵网络。所谓黑客程序，则是一种专门用于进行黑客攻击的应用程序，它们有的比较简单，有的功能较强。功能较强的黑客程序一般至少有服务器程序和客户机两部分，服务器程序实际上是一个间谍程序，客户机部分是黑客发动攻击的控制台。黑客利用病毒原理，以发送电子邮件、提供免费软件等手段，将服务器程序悄悄安装到用户的计算机中，在实施黑客攻击时，客户机与远程已安装好的服务器程序里应外合，达到攻击的目的。利用黑客程序进行黑客攻击，由于整个攻击过程已经程序化，黑客不需要高超的操作技巧和高深的专业软件知识，只要具备一些最基本的计算机知识便可，因此危害性非常大。较有名的黑客程序有BO、YAI，以及"拒绝服务"攻击工具。

第2章

操 作 系 统

2.1 基本知识点

1. 操作系统的基本知识

(1) 操作系统的功能是控制和管理计算机系统内的各种硬件和软件资源、有效组织计算机系统工作、提供一个使用方便和可扩展的工作环境、起到连接计算机和用户接口的作用。

(2) 操作系统的基本功能是处理机管理、存储管理、设备管理和文件管理。

(3) 操作系统按功能分类有：批处理操作系统、实时操作系统、分时操作系统和网络操作系统。

(4) 常用的微机操作系统有 MS-DOS、Windows、UNIX 和 Linux。

2. Windows 7 的基本知识

(1) Windows 7 是一种具有图形用户界面、单用户、多任务，同时具备通信和多媒体以及网络技术的操作系统，它可以支持 MS-DOS 操作。

(2) Windows 7 的退出：关闭所有应用程序，然后单击"开始"按钮，选择"关闭系统"选项。

(3) Windows 7 桌面的组成。桌面是启动 Windows 后的整个屏幕画面。桌面左侧有几个小图标："计算机""文档""网络""回收站"和 Internet Explorer；桌面底部是任务栏，该栏最左端是"开始"按钮。"开始"按钮用来打开"开始"菜单，"开始"菜单中有"所有程序""图片""文档""音乐""游戏""计算机""控制面板""设备和打印机""默认程序""帮助和支持"和"关闭系统"等命令。任务栏中列出了正在运行的程序和打开的文档按钮。

3. Windows 7 的基本概念和基本操作

(1) 鼠标操作：主要包括击键、指向和拖动，击键又分为单击、双击以及右击等。

(2) 窗口：窗口从上到下包括地址栏、菜单栏等，窗口的底部为状态行，右侧有一垂直滚动条，下部有一水平滚动条。

(3) 菜单：每个应用程序窗口第 2 行的菜单中列出了该应用程序的主要功能菜单，每个菜单项下拉菜单中的每一个命令完成一个具体的操作。

(4) 对话框：对话框用于 Windows 系统的用户对话，也用于系统显示附加信息或警告。对话框由按钮、文本框、列表框和复选框等组成。对话框不能缩放。

4. 运行应用程序

(1) 应用程序的启动：可以通过双击对应的图标，或者通过"开始"菜单启动应用程序。

(2) 退出应用程序的方法：单击窗口右上角的"关闭"按钮或者选择"文件"菜单中的"关闭"命令或者按 Alt+F4 快捷键。

(3) 应用程序间的切换：在打开的多个应用程序窗口中，同一时刻只能有一个是活动的，可以对该窗口进行操作，称为当前窗口。当前窗口对应的应用程序在内存的前台，而其他打开的应用程序在内存的后台，通过单击"任务栏"中的按钮可以进行窗口切换。

5. Windows 7 的资源管理器

(1) "资源管理器"的启动

按顺序选择"开始"|"所有程序"|"附件"|"Windows 资源管理器"命令即可启动。

(2) 资源管理器窗口

显示或隐藏菜单栏：选择"组织"菜单下的"菜单栏"选项，然后选择要显示或隐藏的菜单栏即可。

移动分隔条：拖动分隔条。

浏览文件夹中的内容：单击 ▸ 可展开文件夹，单击 ◢ 可折叠文件夹。

文件和文件夹的显示方式：超大图标、大图标、中等图标、小图标、列表以及详细资料等。可在"查看"菜单中选择一种显示方式。

文件和文件夹的排序：可按名称、大小、日期等方式排序。选择"查看"菜单下的"排序方式"选项即可。

(3) 管理文件和文件夹

文件和文件夹的概念、命名规则：文件是一系列信息的集合，又是基本的数据组织单位。文件名由主文件名和扩展名两部分组成，中间用"."作分隔，扩展名一般用于表示文件的类型。文件和文件夹的名字可以由英文字母、数字及其他一些字符组成。

通配符"*"和"?"的用法："?"字符代替文件名某位置上的任意一个合法字符。"*"代表从其所在位置开始的任意长度的合法字符串的组合。

文件夹的操作：包括创建新文件及文件夹、选定文件和文件夹、移动和复制文件或文件夹、删除和恢复文件或文件夹、更改文件或文件夹的名称、创建文件的快捷方式、查看或修改文件和文件夹的属性等。

查找文件或文件夹：可以使用资源管理器，即在右上角搜索框中搜索即可；也可以使用 Windows 的"开始"菜单，方法为单击"开始"按钮，在"搜索程序和文件"框中输入搜索内容即可。

(4) 剪贴板的使用

剪贴板是一块内存区域，利用它可以实现移动或复制。

复制的快捷键：Ctrl+C。剪切的快捷键：Ctrl+X。粘贴的快捷键：Ctrl+V。

复制整幅屏幕的内容可用 Print Screen 键，复制活动窗口的内容可用 Alt+Print Screen 快捷键。

6. Windows 7 系统环境设置

主要通过控制面板进行设置。可以在"开始"菜单中选择"控制面板"命令来启动。

"控制面板"中的常用图标有：系统和安全、网络和 Internet、硬件和声音、程序、用户账户和家庭安全、外观和个性化、轻松访问，以及时钟、语言和区域这一图标。

(1) 系统和安全。包括：操作中心、Windows 防火墙、系统、Windows Update、电源选项、备份和还原、Bitlocker 驱动器加密和管理工具等。

(2) 网络和 Internet。包括：网络和共享中心、家庭组网、Internet 选项等。

(3) 硬件和声音。包括：设备和打印机、自动播放、声音、电源选项、显示、Windows 移动中心等。

(4) 程序。包括：程序和功能、默认程序、桌面小工具。

(5) 用户账户和家庭安全。包括：用户账户、家长控制、Windows Cardspace、凭据管理器、邮件等。

(6) 外观和个性化。包括：个性化、显示、桌面小工具、任务栏和开始菜单、轻松访问、中心、文件夹选项、字体等。

(7) 时钟、语言和区域。包括：日期和时间、区域和语言等。

(8) 轻松访问。包括：轻松访问中心、语言识别等。

2.2 重点与难点

1. 重点

本章重点主要是操作系统的基本概念，Windows 7 的基本概念和基本操作，Windows 7 的文件管理系统和资源管理系统相关的概念和基本操作。

2. 难点

操作系统的基本功能理解，Windows 7 控制面板的使用，资源管理器的使用，剪贴板的使用，文件和文件夹的管理。

2.3 习　题

2.3.1 单项选择题

1. 鼠标的拖放操作是指_____。

    A. 移动鼠标使鼠标指针出现在屏幕上的某个位置

    B. 按住鼠标按钮，把鼠标指针移到某个位置后释放按钮

    C. 连贯地按下并快速释放鼠标按钮

    D. 快速连续两次按下并快速释放鼠标按钮

2. 鼠标的单击操作是指_____。

    A. 移动鼠标使鼠标指针出现在屏幕上的某一位置

    B. 按住鼠标按钮，移动鼠标把鼠标指针移到某个位置后释放按钮

    C. 按下并快速释放鼠标按钮

    D. 快速连续地两次按下并释放鼠标按钮

3. Windows 7 是微软公司发行的_____操作界面的操作系统。

    A. 字符   B. 窗口   C. 鼠标指针   D. 图形

4. 鼠标的指示操作是指_____。

    A. 移动鼠标使鼠标指针出现在屏幕上的某一位置

    B. 按住鼠标按钮，移动鼠标把鼠标指针移到某个位置后释放鼠标按钮

    C. 按下并快速地释放鼠标按钮

    D. 快速连续地两次按下并释放鼠标按钮

5. 在 Windows 7 屏幕中所看到的大块区域称为____。

    A. 图标   B. 窗口   C. 桌面   D. 任务栏

6. 操作系统的作用是_____。

    A. 提高软件和硬件资源的利用率和提供使用方便的用户界面

    B. 提高软件和硬件资源的利用率

    C. 提供使用方便的用户界面

    D. 提供丰富的系统软件和应用软件

7. 若要使已打开的窗口不出现在屏幕上，只在任务栏中保留一个图标，要将窗口____。

    A. 最小化   B. 最大化   C. 关闭   D. 还原

8. 在资源管理器中不能进行的操作是____。

    A. 格式化软盘   B. 关闭计算机

    C. 创建新的文件夹   D. 对文件重命名

9. 当计算机硬盘中有许多碎片，影响计算机性能时，应选择系统工具中的____进行整理。

    A. 磁盘空间管理   B. 磁盘清理程序

    C. 磁盘扫描程序   D. 磁盘碎片整理程序

10. 在 Windows 中，控制菜单图标位于窗口的____。

    A. 左上角   B. 左下角   C. 右上角   D. 右下角

11. 在 Windows 中，标题行通常为窗口____的横条。

    A. 最底端   B. 最顶端   C. 第二条   D. 次底端

12. 在 Windows 中，菜单行位于窗口的____。

    A. 最顶端   B. 标题行的下面   C. 最底端   D. 以上都不是

13. 在 Windows 中，下列关于滚动条操作的叙述，不正确的是____。

    A. 通过拖动滚动条上的滚动框可以实现快速滚动

    B. 滚动条有水平滚动条和垂直滚动条两种

    C. 在 Windows 上每个窗口都具有滚动条

    D. 通过单击滚动条上的滚动箭头可以实现逐行滚动

14. 下列有关还原(恢复)按钮及操作叙述正确的是_____。

    A. 单击还原(恢复)按钮可以将最大化后的窗口恢复成原来的样子

    B. 必须双击还原(恢复)按钮才可以将最大化后的窗口恢复成原来的样子

    C. 还原(恢复)按钮存在于任何窗口内

    D. 单击还原(恢复)按钮可以将移动过的窗口恢复成原来的样子

15. 在"显示属性"对话框中，若要设置屏幕分辨率应选择_____选项卡。

    A. 小工具   B. 个性化   C. 屏幕分辨率   D. 背景

16. 在 Windows 中，有一些文件的内容较多，即使窗口最大化，也无法在屏幕上完全显示出来，此时可利用窗口的_____来阅读整个文件的内容。

    A. 窗口边框   B. 滚动条   C. 控制菜单   D. 最大化按钮

17. 在 Windows 中，如果想同时改变窗口的高度和宽度，可以通过拖放_____来实现。

    A. 窗口边框   B. 窗口角   C. 滚动条   D. 菜单栏

18. 若要查找所有 bmp 图形文件，应在"查找"对话框的"名称和位置"选项卡中的名称框中输入_____。

    A. bmp   B. bmp*   C. *bmp   D. *.bmp

19. 安装中文输入法后，在 Windows 工作环境中可随时使用_____快捷键来启动或关闭中文输入法。

    A. Ctrl+Alt   B. Ctrl+Space   C. Ctrl+Shift   D. Ctrl+Tab

20. 若要关闭排列在任务栏中的某个窗口，可用鼠标_____位于任务栏上的该窗口对应的按钮，弹出快捷菜单后，选择菜单中的"关闭"项。

    A. 右键单击   B. 左键单击   C. 右键双击   D. 左键双击

21. 下面正确退出 Windows 7 的操作是_____。

    A. 直接关断电源

    B. 关闭所有窗口后，再直接关断电源

    C. 在"开始"菜单中单击"关闭系统"按钮

    D. 按 Reset 按钮

22. Windows 把整个屏幕看作_____。

    A. 窗口   B. 桌面   C. 工作区   D. 对话框

23. 查看计算机中的各种文件、文件夹和设备是通过_____。

    A. 计算机   B. 网络   C. 回收站   D. 文档

24. 在 Windows 中，全角输入方式和半角输入方式之间切换可用_____快捷键。

    A. Ctrl+Space   B. Shift+Space   C. Alt+Space   D. Ctrl+Shift

25. 在 Windows 中，以下概念不正确的是_____。

    A. 各种汉字输入法的切换，可按 Ctrl+Shift 快捷键来实现

    B. 全角与半角状态可按 Shift+Space 快捷键来切换

    C. 汉字输入方法可按 Ctrl+Space 快捷键切换出来

    D. 当处于汉字输入状态时，如想退出汉字输入法，可按 Alt+Space 快捷键来实现

26. Windows 的对话框中，某些项目前有小方框出现，如果被选中，则其左边的方框中打勾，该方框称为_____。

    A. 选项钮   B. 列表框   C. 复选框   D. 文本输入框

27. Windows 7 中活动窗口可以有_____个。

    A. 1   B. 2   C. 4   D. 任意

28. 窗口最小化后_____。

    A. 以图标的形式放在任务栏

    B. 以小窗口放在桌面

    C. 隐藏看不见，用鼠标右键可以将其打开

    D. 以上说法均不正确

29. 在 Windows 中，_____操作不能关闭窗口。

    A. 单击最小化按钮   B. 单击控制菜单的关闭项

    C. 单击"文件"菜单中的"退出"项   D. 双击"控制"菜单图标

30. 在 Windows 7 中，所有的操作都具有的特点是_____。

    A. 先选择操作命令，再选择操作对象

    B. 先选择操作对象，再选择操作命令

    C. 同时选择操作对象和操作命令

    D. 允许用户任意选择

31. 控制菜单弹出以后，要恢复系统原状，则应_____。

    A. 将鼠标指针指向菜单内，单击鼠标左键

    B. 将鼠标指针指向菜单外，单击鼠标左键

    C. 将鼠标指针指向菜单内，单击鼠标右键

    D. 将鼠标指针指向菜单外，单击鼠标右键

32. Windows 是一种_____。

    A. 文字处理系统   B. 计算机语言

    C. 字符型的操作系统   D. 图形化的操作系统

33. 在 Windows 中，以下操作将窗口最小化的是_____。

    A. 单击最小化按钮   B. 双击标题行

    C. 单击控制菜单图标   D. 双击控制菜单图标

34. 在 Windows 中，以下操作将窗口最大化的是_____。

    A. 单击最大化按钮   B. 双击最大化按钮

    C. 单击控制菜单图标   D. 双击控制菜单图标

35. 下面有关 Windows 7 的叙述，不正确的是_____。

    A. 在 Windows 7 中，Internet Explorer 和系统紧密结合

    B. Windows 7 的界面和操作方式与浏览器相似

    C. 可以为 Web 页创建快捷方式

    D. Windows 7 系统下，一台主机最多能配备 5 台显示器

36. 在 Windows 中，文件有 4 种属性，用户创建的文件一般具有_____属性。

    A. 存档   B. 只读   C. 系统   D. 隐藏

37. 若要查看或更改某项的信息，可查看其属性。为此将鼠标指针指向该对象并____。

    A. 单击鼠标左键   B. 单击鼠标右键

    C. 双击鼠标左键   D. 双击鼠标右键

38. Windows 的窗口(如"计算机"窗口)标题栏左上角的图标是一个代表窗口内容的图标，单击此图标，将出现_____。

    A. 窗口最大化   B. 窗口最小化

    C. 窗口关闭   D. 一个控制菜单

39. 用户启动"开始"按钮后，会看到"开始"菜单中包含一组命令，为了显示最近使用过的文档清单，必须单击_____命令。

    A. "程序"   B. "文档"

    C. "查找"   D. "运行"

40. 启动 Windows，桌面上会出现不同的图标。双击_____图标可浏览计算机中的所有内容。

    A. "计算机"   B. "网络"

    C. "收信箱"   D. "回收站"

41. 关闭一个应用程序窗口后，该应用程序将_____。

    A. 被终止执行   B. 继续执行

    C. 被暂停执行   D. 被转入后台运行

42. 在画笔软件中选取前景色为红色的操作为_____。

    A. 用鼠标右键单击红色   B. 用鼠标左键单击红色

    C. 用鼠标右键双击红色   D. 用鼠标左键双击红色

43. 用画笔画一个边框为蓝色、内部为红色的矩形，其颜色选取操作为_____。

    A. 用左键单击红色，用右键单击红色

    B. 用左键单击蓝色，用右键单击蓝色

    C. 用左键单击红色，用右键单击蓝色

    D. 用左键单击蓝色，用右键单击红色

44. 在画笔软件中选取背景色为蓝色的操作为_____。

    A. 用鼠标左键双击蓝色   B. 用鼠标左键单击蓝色

    C. 用鼠标右键双击蓝色   D. 用鼠标右键单击蓝色

45. 在画笔软件中，如想改变画线宽度，可采用的操作是：选择_____工具，在线宽框内用鼠标单击所需的线型。

    A. 直线   B. 铅笔   C. 矩形   D. 选定

46. 在画笔软件中选取边框颜色为绿色的操作为_____。

    A. 用鼠标右键单击绿色　　　　　B. 用鼠标左键单击绿色

    C. 用鼠标右键双击绿色　　　　　D. 用鼠标左键双击绿色

47. 窗口中的查看方式有_____。

    A. 大图标、小图标、列表和详细列表

    B. 大图标、小图标、快捷方式和详细列表

    C. 大图标、快捷方式、列表和详细列表

    D. 大图标、小图标、列表和快捷方式

48. 在 Windows 环境下，若要把整个桌面的图像复制到剪贴板，可按_____快捷键。

    A. Print Screen　　　　　　　　B. Alt+Print Screen

    C. Ctrl+Print Screen　　　　　　D. Shift+Print Screen

49. 在启动程序或打开文档时，如果记不清某一个文件或文件夹位于何处，可使用 Windows 7 操作系统提供的_____功能。

    A. 浏览　　　　　B. 设置　　　　　C. 查找　　　　　D. 搜索

50. 在 Windows 中，有关启动应用程序的操作，不正确的是_____。

    A. 通过"计算机"找到应用程序，并对其双击

    B. 通过"资源管理器"找到应用程序，并对其双击

    C. 通过"资源管理器"找到应用程序，并选择它，然后按 Enter 键

    D. 在桌面上单击已存在应用程序的快捷方式

51. 下列创建新文件夹的操作中，错误的是_____。

    A. 在 MS-DOS 方式下用 MD 命令

    B. 在"开始"菜单中，用"运行"命令执行 MD

    C. 在"资源管理器"的"文件"菜单中选择"新建"命令

    D. 用"计算机"确定磁盘或上级文件夹，然后选择"文件"|"新建"命令

52. 在 Windows 的资源管理器中，选定多个不连续文件的方法是_____。

    A. 单击每个要选定的文件

    B. 双击每个要选定的文件

    C. 单击任何一个想要选定的文件，然后按住 Shift 键单击每个要选定的文件

    D. 单击任何一个想要选定的文件，然后按住 Ctrl 键单击每个要选定的文件

53. 在 Windows 的资源管理器中，选定多个连续文件的方法是_____。

    A. 单击第一个文件，然后单击最后一个文件

    B. 双击第一个文件，然后双击最后一个文件

    C. 单击第一个文件，然后按住 Shift 键单击最后一个文件

    D. 单击第一个文件，然后按住 Ctrl 键单击最后一个文件

54. 对于 Windows，下面以_____为扩展名的文件是不能运行的。

    A. com　　　　　B. exe　　　　　C. bat　　　　　D. txt

55. 资源管理器窗口分左、右窗格，右窗格用来_____。
    A. 显示活动文件夹中包含的文件夹或文件
    B. 显示被删除文件夹中包含的文件夹或文件
    C. 显示被复制文件夹中包含的文件夹或文件
    D. 显示新建文件夹中包含的文件夹或文件

56. 启动 Windows 7 资源管理器的正确操作方法是_____。
    A. 右键单击"开始"，选择"打开 Windows 资源管理器"
    B. 单击"开始"菜单的"文档"命令，在其级联菜单中选择"Windows 资源管理器"
    C. 单击"开始"菜单的"设置"命令，在其级联菜单中选择"Windows 资源管理器"
    D. 单击"开始"菜单的"查找"命令，在其级联菜单中选择"Windows 资源管理器"

57. 若要将资源管理器中的文件夹删除，正确的操作方法是_____。
    A. 用鼠标右键单击要删除的文件夹，在弹出的菜单中选择"剪切"命令
    B. 用鼠标右键单击要删除的文件夹，在弹出的菜单中选择"删除"命令，在确认框中选择"是"按钮
    C. 用鼠标左键单击要删除的文件夹，选择"文件"菜单中的"删除"命令，在确认框中选择"否"按钮
    D. 用鼠标左键双击要删除的文件夹，选择"文件"菜单中的"删除"命令，在确认框中选择"否"按钮

58. 下列将资源管理器中文件夹重命名的多种操作中，不正确的操作方法是_____。
    A. 用鼠标左键单击要重命名的文件夹名，选择"文件"菜单的"重命名"命令，在原文件夹名处键入新名，按 Enter 键
    B. 用鼠标左键单击要重命名的文件夹名，再次左键单击该文件名，在原文件夹名处键入新名，按 Enter 键
    C. 用鼠标左键单击要重命名的文件夹名，选择"文件"菜单的"新建"命令，键入新文件夹名，再按 Enter 键
    D. 将鼠标移至要重命名文件夹的位置后，单击右键，选择"重命名"命令，在原文件夹名处键入新名，按 Enter 键

59. 在资源管理器窗口的"查看"菜单中，提供了_____种文件夹及文件显示排列的方式。
    A. 3   B. 4   C. 5   D. 6

60. 在资源管理器窗口的左窗格中，文件夹图标含有"+"时，表示该文件夹_____。
    A. 含有子文件夹，并已被展开   B. 含有子文件夹，还未被展开
    C. 未含子文件夹，并已被展开   D. 未含子文件夹，还未被展开

61. 在资源管理器窗口用鼠标选择不连续的多个文件的正确操作方法是先按住_____，然后逐个单击要选择的各个文件。
    A. Shift 键   B. Tab 键   C. Alt 键   D. Ctrl 键

62. 在资源管理器下利用菜单进行文件或文件夹的复制，需要经过一系列步骤，以下不采用的操作是＿＿＿＿。

  A. 选择欲复制的文件   B. 选用"编辑"菜单下的"移动"命令

  C. 选择目的文件夹   D. 选用"编辑"菜单下的"粘贴"命令

63. 在 Windows 中，＿＿＿＿不属于控制面板操作。

  A. 更改画面显示和字体   B. 添加新硬件

  C. 调整鼠标器的使用设置   D. 造字

64. 在 Windows 7 中，回收站是＿＿＿＿。

  A. 内存中的一块区域   B. 硬盘上的一块区域

  C. 软盘上的一块区域   D. Cache 中的一块区域

65. 在资源管理器中选定了文件或文件夹后，若要将它们复制到另一驱动器的文件夹中，其操作为＿＿＿＿。

  A. 按下 Shift 键，拖动鼠标   B. 按下 Ctrl 键，拖动鼠标

  C. 直接拖动鼠标   D. 按下 Alt 键，拖动鼠标

66. 在资源管理器中选定文件或文件夹后，若要将它们移到另一驱动器的文件夹中，其操作为＿＿＿＿。

  A. 按下 Shift 键，拖动鼠标   B. 按下 Ctrl 键，拖动鼠标

  C. 按下空格键，拖动鼠标   D. 按下 Alt 键，拖动鼠标

67. 关于定义文件夹的背景，下列操作正确的是＿＿＿＿。

  A. 单击"转到"菜单，选择"主页"选项

  B. 单击"查看"菜单下的"文件夹选项"

  C. 单击"查看"菜单下的"自定义文件夹"

  D. 先将图片放在剪贴板中，然后在预设置的文件夹中单击"粘贴"命令

68. 若要安装某个中文输入法，应先启动"控制面板"，再使用其中的＿＿＿＿功能。

  A. 输入法   B. 添加输入法   C. 输入法属性   D. 系统

69. Windows 资源管理器"编辑"菜单中的"复制"命令的含义是＿＿＿＿。

  A. 将文件或文件夹从一个文件夹复制到另一个文件夹

  B. 将文件或文件夹从一个文件夹移到另一个文件夹

  C. 将文件或文件夹从一个磁盘复制到另一个磁盘

  D. 将文件或文件夹送入剪贴板

70. 查看 Windows 7 的帮助，应按＿＿＿＿键。

  A. F1   B. F2   C. F5   D. F8

71. 在 Windows 资源管理器中，更改文件或文件夹的名称可使用＿＿＿＿菜单下的"重命名"命令。

  A. "文件"   B. "转到"   C. "收藏"   D. "工具"

72. 在进行智能 ABC 中文输入时，候选汉字选择区中不能显示全部汉字，可以用_____进行前后翻页。

    A. "+"和"-"   B. "{"和"}"   C. "="和"-"   D. PgUp 和 PgDn

73. 在资源管理器左侧的一些图标前边往往有►号，其含义是_____。

    A. 以下各级子文件夹均已展开   B. 下一级子文件夹已展开

    C. 不存在下级子文件夹   D. 下级子文件夹已隐藏

74. 有关在 Windows 桌面上创建应用程序快捷方式的操作，_____是错误的。

    A. 在桌面空白处，单击右键，选择"新建"菜单下的"快捷方式"命令

    B. 在任务栏空白处，单击右键，选择"属性"命令

    C. 在"计算机"或"资源管理器"中选择"文件"菜单的"创建快捷方式"命令

    D. 按住鼠标右键，选择"在当前位置创建快捷方式"命令

75. 在 Windows 7 系统下关机，必须关闭所有已打开的程序并保存当前的设置。因此，要使用"开始"菜单的"关闭系统"命令。下列不属于"关闭系统"对话框中的选项是_____。

    A. 转入睡眠状态   B. 注销   C. 关闭计算机   D. 重新启动计算机

76. 使用 Adobe Reader 打开 PDF 文件后，可通过菜单栏和工具栏对文档的内容进行_____操作。

    A. 浏览   B. 选择   C. 复制和查找   D. 编辑

77. 选定要移动的文件或文件夹，按_____快捷键剪切到剪贴板中，在目标文件夹窗口中按 Ctrl+V 快捷键进行粘贴，即可实现文件或文件夹的移动。

    A. Ctrl+A   B. Ctrl+C   C. Ctrl+X   D. Ctrl+S

78. 按_____快捷键可以在中文输入法和英文输入法之间快速切换。

    A. Ctrl+Tab   B. Ctrl+Space   C. Shift+Tab   D. Ctrl+Shift

79. 切换窗口可以通过任务栏的按钮来切换，也可按_____快捷键和按 Win+Tab 快捷键来切换。

    A. Ctrl+Tab   B. Alt+Tab   C. Shift+Tab   D. Ctrl+Shift

80. 在编辑完文档后，需要将其关闭，除了可以用退出 Word 2010 的方法来关闭文档外，还可以通过选择"文件/关闭"命令或按_____快捷键。

    A. Ctrl+F4   B. Ctrl+F2

    C. Ctrl+F3   D. Ctrl+F1

81. 在"更改账户"窗口中不可进行的操作是_____。

    A. 更改账户名称   B. 创建或修改密码

    C. 更改图片   D. 创建新用户

82. 按_____键可以在汉字输入法中进行中英文切换。

    A. Ctrl   B. Tab

    C. Shift   D. Alt

83. 下列选项中在 WinRAR 软件工作界面中不存在的是_____。

    A. 内容窗口、状态栏　　　　　　B. 菜单栏、工具栏

    C. 地址栏　　　　　　　　　　　D. 任务栏

84. 在 Windows 7 中，下列选项中不是常用的菜单类型的是_____。

    A. 子菜单　　　　　　　　　　　B. 下拉菜单

    C. 列表框　　　　　　　　　　　D. 快捷菜单

85. 窗口的组成部分中不包含_____。

    A. 标题栏、地址栏、状态栏　　　B. 搜索栏、工具栏

    C. 导航窗格、窗口工作区　　　　D. 任务栏

2.3.2　判断正误题

1. 查找和替换功能对查找和替换的对象没有限制。

2. 当输入的文本内容占满一行后，插入点自动跳至下一行行首，实现换行。当需要对文本进行分段处理时，按 Enter 键可将文本分段。

3. 进入 Windows 7 操作系统后，默认使用的是中文输入法。

4. 在不同的状态下，鼠标光标的表现形式都一样。

5. 保存文件或文件夹是管理文件时的基本操作之一，也是非常重要的操作。

6. 所有的网页信息都显示在网页浏览窗口中。

7. 状态栏位于 Word 窗口的最下方，主要用于显示与当前工作有关的信息。

8. 在连续两次按下鼠标左键这个过程中，可以移动鼠标。

9. 在输入汉字时，拼音字母 ü 由字母 v 代替。

10. 计算机中几乎所有的操作都可以在"开始"菜单中执行。

11. 对于 Windows 中一个已打开的菜单，若用鼠标单击其菜单名，则关闭该菜单。

12. 在 Windows 7 的某应用程序窗口操作中，若用鼠标左键单击"最小化"按钮，则关闭该应用程序。

13. 用鼠标操作复制一个文件，可在 Windows 7 的资源管理器窗口中，先按住键盘的 Shift 键，再把选好的文件图标用鼠标拖到一个目录图标或驱动器图标下，释放按键即可。

14. Windows 的应用程序窗口与文档窗口的最大区别是后者不含菜单栏。

15. 在 Windows 7 中，将可执行文件从"资源管理器"或"计算机"窗口中用鼠标右键拖到桌面上可以创建快捷方式。

16. 用菜单进行文件或文件夹的移动，需要依次经过剪切、选择和粘贴。

17. 关闭一个应用程序窗口可以用 Ctrl+F4 快捷键。

18. 当一个应用程序最小化后，该应用程序将被终止执行。

19. 在使用键盘操作时，可以同时按下 Ctrl 键和菜单项中带下画线的字母来选择某个菜单项。

20. 更改桌面上的这些图标可以通过在桌面上单击右键，选择"属性"，再单击"个性化"选项卡来实现。

21. 在第一次与第二次单击鼠标期间，不能移动鼠标，否则双击无效，只执行单击命令。

22. 任务栏只能位于桌面的底部。

23. 控制面板是用来对 Windows 7 本身或系统本身的设置进行控制的一个工具集。

24. Windows 7 提供的记事本程序和写字板程序的功能是完全一样的，都是纯文本编辑器。

25. 文档窗口是应用程序窗口的子窗口。

26. 一个应用程序窗口只能显示一个文档窗口。

27. 一旦屏幕保护开始，原来在屏幕上的当前窗口就被关闭了。

28. 桌面上的图标完全可以按用户的意愿重新排列。

29. 关闭一个窗口就是将该窗口正在运行的程序转入后台运行。

30. 为应用程序创建快捷方式时，就是将应用程序再增加一个备份。

31. 只有对活动窗口才能进行移动、改变大小等操作。

32. 为了获取 Windows 7 的帮助信息，可以在需要帮助时按 F1 键。

2.3.3　填空题

1. 操作系统的功能是_____。

2. 在 Windows 的画图软件中，使用颜色填充工具进行涂色时，对_____图形会发生色溢。

3. 对局域网中的计算机，Windows 7 通过_____可以访问网中其他计算机中的信息。

4. 在某个文档窗口中已进行了多次剪切操作，并关闭了该文档窗口后，剪贴板中的内容为_____。

5. Windows 7 操作系统在显示文件或文件夹时，既可以显示名称及大小等文字信息，也可以显示其_____。

6. 若要安装或删除一个应用程序，必须先打开_____窗口，然后使用其中的"卸载或更改程序"功能。

7. 通过_____可恢复被误删的文件或文件夹。

8. 若要进行窗口切换，应该按_____。

9. 在 Windows 7 中，文件或文件夹具有_____、_____、_____、_____ 4 种属性。

10. 在 Windows 7 操作系统中，计算机系统中的所有软件和硬件资源都可以用_____来浏览查看。

11. Windows 7 采用新的 VFAT 文件系统，同时支持_____和_____。

12. Windows 将一些外设当作文件处理，这些和设备相关的文件称为_____。

13. 在 Windows 7 启动并切换到 MS-DOS 方式后，若要再次进入 Windows 7，则可以使用_____命令来实现。

14. 在 Windows 7 的"资源管理器"中，对一个文件最多可以设置_____种属性。

15. 若要设置文件或文件夹的属性，首先要用鼠标_____。

16. 每当运行一个 Windows 7 的应用程序，系统都会在_____上增加一个按钮。

17. 在 Windows 7 中，利用"查找"对话框可以查找文件，若要查找文件名的第二个字母为 i 的所有文件，可以在"查找"对话框的名称处输入_____。

18. Windows 7 提供了_____、_____、_____和_____4 种形式的菜单。

19. Windows 7 中，有些菜单选项的右端有一个向右的箭头，其含意是_____。

20. Windows 7 中，菜单中灰色的命令项代表_____。

21. 剪贴板是 Windows 中的一个重要概念，它的主要功能是_____；它是 Windows 在_____中开辟的一块临时存储区。

22. 当利用剪贴板将文档信息放到这个存储区备用时，必须先对要剪切或复制的信息进行_____操作。

23. 在 Windows 7 中，_____是安排在桌面上的某个应用程序的图标。如果要启动该程序，只需_____该图标即可。

24. 在资源管理器窗口中，要想显示隐藏文件，可以利用_____菜单中的"文件夹选项"来进行设置。

25. 对文档进行修改后，既要保存修改后的内容，又不能改变原文档的内容，此时可以使用"文件"菜单中的_____命令。

26. 在资源管理器窗口中，有的文件夹前边带有一个加号，它表示_____。

27. _____操作是对要操作的对象作标记，使之高亮度显示，以区别于其他的部分，它并不产生任何执行动作。

28. 在 Windows 7 中，一旦屏幕保护开始，则当前窗口处于_____状态。

29. 按_____快捷键，将立即删除选定的文件或文件夹，而不会将它们放入回收站。

30. 选定任意多个不连续的文件或文件夹时，要按住_____键，再单击各个文件或文件夹。

31. 按_____快捷键，可以将当前窗口全部复制到剪贴板中。

32. 按_____快捷键，可以把剪贴板上的信息粘贴到某个文档窗口的插入点处。

2.3.4 简答题

1. 操作系统的概念是什么？
2. 操作系统从功能上可分为几种类型？
3. 在 Windows 7 中启动一个应用程序有哪几种途径？
4. 在 Windows 7 中，应用程序之间的数据交换有哪几种形式，它们各自的特点是什么？
5. 回收站的功能是什么？如何删除文件？

2.4 习题参考答案

2.4.1 单项选择题答案

1. B	2. C	3. D	4. A	5. C	6. A	7. A	8. B	9. D	10. A
11. B	12. B	13. C	14. A	15. C	16. B	17. B	18. D	19. B	20. A
21. C	22. B	23. A	24. B	25. D	26. C	27. A	28. A	29. A	30. B

31. B	32. D	33. A	34. A	35. D	36. A	37. B	38. D	39. B	40. A
41. A	42. B	43. D	44. D	45. A	46. B	47. A	48. A	49. C	50. D
51. B	52. D	53. C	54. D	55. A	56. A	57. B	58. C	59. B	60. B
61. D	62. B	63. D	64. B	65. B	66. A	67. C	68. A	69. D	70. A
71. A	72. C	73. B	74. B	75. B	76. A	77. C	78. B	79. B	80. A
81. D	82. C	83. D	84. C	85. D					

2.4.2 判断正误题答案

1. ×	2. √	3. ×	4. ×	5. √	6. ×	7. ×	8. ×	9. ×	10. √
11. √	12. ×	13. ×	14. √	15. √	16. ×	17. √	18. ×	19. ×	20. ×
21. √	22. ×	23. √	24. ×	25. √	26. ×	27. ×	28. √	29. ×	30. ×
31. √	32. √								

2.4.3 填空题答案

1. 提高软件和硬件资源的利用率、提供使用方便的用户界面

2. 不封闭   3. 网络   4. 最后一次剪切的内容

5. 最后修改时间   6. 控制面板   7. 撤销

8. Alt +Tab 快捷键   9. 只读   存档   隐藏   系统   10. 计算机

11. 短文件名   长文件名   12. 驱动程序   13. Exit

14. 4   15. 选定需设置的文件或文件夹   16. 任务栏

17. ?i*.*

18. 开始菜单   控制菜单   菜单栏子菜单   快捷菜单

19. 该菜单项下面还有子菜单   20. 当前不能选取执行

21. 传递信息   内存   22. 选定   23. 快捷方式   双击

24. 查看   25. 另存为   26. 还包含有子文件夹

27. 选定   28. 后台运行   29. Shift+Del

30. Ctrl   31. Alt+Print Screen   32. Ctrl+V

2.4.4 简答题答案

(答案略)

2.5 上机实验练习

2.5.1 实验一 Windows 7 基本操作

一、实验目的

1. 掌握 Windows 7 的启动和关闭。

2. 熟悉窗口和图标操作。

3. 掌握快捷方式的创建与使用。

4. 了解如何获取 Windows 的帮助信息及其他一些基本操作。

二、实验内容

1. 进入 Windows 7，打开"计算机"窗口，熟悉 Windows 7 的窗口组成，然后练习下列操作。

(1) 移动窗口。

(2) 适当调整窗口的大小，滚动条出现后，滚动窗口中的内容。

(3) 先最小化窗口，然后再将窗口复原。

(4) 先最大化窗口，然后再将窗口复原。

(5) 关闭窗口。

2. 打开"计算机"窗口，并打开其中的"控制面板"(如果发现"控制面板"窗口替换了原来的"计算机"，请先通过"计算机"窗口中的"工具"菜单，打开"文件夹选项"对话框，在"常规"选项卡中，设置"在不同的窗口中打开不同的文件夹")。然后进行下列操作：

(1) 通过任务栏和快捷键切换当前窗口。

(2) 以不同方式排列已打开的窗口(层叠、横向平铺、纵向平铺)。

(3) 打开"控制面板"窗口的控制菜单，单击"关闭"命令项，关闭该窗口。

(4) 在"计算机"窗口中，单击"查看"菜单下的"详细资料"命令项，观察窗口中的各项由原来的大图标改变为详细资料列表。

3. 通过任务栏查看当前日期和时间，如果不正确，请进行修改。

4. 分别通过以下方式启动记事本程序(Notepad.exe)，然后退出该程序。

(1) 通过"开始"|"所有程序"|"附件"菜单命令。

(2) 通过"计算机"窗口。

(3) 通过控制台命令运行。

5. 启动记事本程序，单击任务栏上的输入法按钮，切换输入法，并进行输入练习，然后退出该程序(不保存文件)。

6. 在桌面上创建启动记事本程序的快捷方式。

7. 通过"开始"菜单的"帮助和支持"命令，获取感兴趣的帮助信息。

8. 安全退出 Windows 7。

2.5.2 实验二 Windows 7 资源管理器的使用

一、实验目的

1. 熟悉资源管理器的窗口界面和基本操作。

2. 掌握文件和文件夹的各类操作。

二、实验内容

1. 打开资源管理器，对照教材熟悉资源管理器的窗口组成，然后进行下列操作：

(1) 隐藏暂时不用的工具栏，并适当调整左右窗格的大小。

(2) 改变文件和文件夹的显示方式及排序方式，观察相应的变化。

2. 在 C 盘上创建一个名为 Lx 的文件夹，再在 Lx 文件夹下创建一个名为 Lxsub 的子文件夹，然后进行下列操作。

(1) 在桌面上创建 4 个类型为"文本文档"的文件，将其转移到 C:\Lx 文件夹。

(2) 将 C:\Lx 文件夹中的一个文件移到 Lxsub 子目录。

(3) 在 C:\Lx 文件夹中创建一个类型为"文本文档"的空文件，文件名为 Mytxt。

3. 在"启动"文件夹中创建启动记事本的快捷方式，然后单击"开始"|"所有程序"|"附件"|"启动"按钮，观察"开始"菜单有何变化。接下来，注销用户后再重新进入，看有何变化。

4. 查看"Microsoft Word 文档"的文件类型，了解该类文件的默认扩展名、文件类型、打开方式等。

5. 查看任意文件夹的属性，了解该文件夹的位置、大小、包含的文件及子文件夹数，创建时间等信息。

6. 设置"资源管理器"窗口中的文件夹使文件以列表的形式显示。

7. 在"资源管理器"窗口的右窗格中，按类型排序 C 盘 Windows 文件夹中的文件与文件夹图标。

8. 在"资源管理器"窗口的左窗格中，练习折叠与展开文件夹。

9. 设置文件的属性为"只读"。

10. 仿 Windows 资源管理器操作，试进行下列桌面操作：

(1) 在桌面上创建一个名为"我的常用程序"的文件夹。

(2) 在该文件夹中创建常用程序(例如记事本、Windows 资源管理器等)的快捷方式。

(3) 重命名、删除、恢复在桌面上创建的文件夹。

(4) 在桌面上创建"Windows 资源管理器"的快捷方式图标。

(5) 自动排列桌面上的图标。

2.5.3 实验三 Windows 7 的控制面板及环境设置

一、实验目的

学习如何利用控制面板熟练地进行各种环境设置。

二、实验内容

1. 通过"个性化"|"桌面背景"对话框(在"所有控制面板项"中单击"显示"，或者右键单击桌面再选择"个性化"命令)，进行下列设置操作。

(1) 选择不同的桌面背景，分别将其平铺、居中、拉伸在桌面上，然后观察实际效果。

(2) 选择名为"三维文字"的屏幕保护程序，并将文字改为"你好！"，旋转方式为"滚动"，表面样式为"蓝色"，等待时间设置为 2 分钟，然后观察实际效果。

(3) 选择名为"大海"的方案作为窗口外观，然后观察实际效果。

2. 在控制面板中打开"字体"文件夹,查看若干个本机已安装字体的详细信息。

3. 在控制面板中打开"鼠标"属性窗口,适当调整指针速度,并按自己的喜好选择是否显示指针轨迹及调整指针形状,然后恢复初始设置。

4. 在控制面板中打开"区域和语言"属性窗口,熟悉"时间和日期格式""安装/卸载语言"和"更改键盘"等操作。

2.5.4　实验四　Windows 7 各种附件的使用

一、实验目的

了解 Windows 7 各种附件的使用以及一些简单的系统优化工具的使用。

二、实验内容

1. 打开画图应用程序,设置前景色为红色,背景色为蓝色,然后画一个圆,圆内颜色填充为黄色,边线颜色为红色。将画好的图片文件保存到桌面(文件名自定)。

2. 打开系统工具"磁盘清理程序"和"磁盘碎片整理程序",练习使用。

2.5.5　实验五　Windows 7 新特性的操作

一、实验目的

了解 Windows 7 各种新特性的操作方式。

二、实验内容

1. 练习 Windows 7 中常用特性的操作,观察其实现效果。

2. 开启语音识别功能,利用语音操作计算机。

3. 学习 Windows 7 兼容模式的安装与使用。

第 3 章
Word 2010 文字处理软件

3.1 基本知识点

1. 汉字编码知识

国标码：汉字编码的国家标准。一个汉字所在的区号和位号简单地组合在一起就构成了该汉字的"国标区位码"。

输入码(外码)：输入汉字时使用的汉字编码。其中比较流行的有全拼、智能、五笔等输入法。

机内码：计算机内部进行存储、处理、传输的统一使用代码。每一个汉字都有唯一的机内码，占两个字节，每个字节的最高位为 1。

字型码：汉字模型的表示方法，用于显示和打印输出。全部汉字的字型码构成汉字库。

2. Word 2010 概述

(1) Word 2010 的特点和功能

Word 2010 是 Microsoft 公司推出的 Office 2010 中的一个重要组件，是一种功能强大的用于文字处理的办公软件，具有文字、图形及表格处理等功能，可方便地进行屏幕截图、图文混排，还可以制作 Web 页，存取 HTML、XML 文件等。

其功能有编辑处理功能、排版处理功能、表格处理功能、图形处理功能、页面排版和邮件合并功能、制作 Web 主页功能等。

(2) Word 2010 的工作窗口认识

Word 2010 工作窗口整体上可分为四大块，分别是控制和功能区域、导航窗格区域、用户编辑区域及状态栏区域。控制区包括了快速访问工具栏、标题栏、窗口控制按钮等。功能区主要包括"开始""插入""页面布局""引用""邮件""审阅""视图"和"加载项"8 个选项卡。状态栏显示了节号、页面号与总页数、总字数等，还可以进行基本视图的切换与显示比例的改变。

3. 文档的基本操作

(1) 创建、存储或打开文档

创建新文档：使用"文件"选项卡中的"新建"命令；或使用快捷工具栏中的"新建"按钮；首次进入 Word 时会自动创建"文档 1"。

存储文档：单击快捷工具栏中的"保存"按钮；或者执行"文件"选项卡中的"保存"或"另存为"命令。文档默认扩展名为.docx，也可以选择保存为其他 Word 2010 支持的文件类型。

打开旧文档：单击快捷工具栏中的"打开"按钮；或者使用"文件"选项卡中的"打开"命令。这两种打开方式将会弹出"打开"对话框，操作时选择查找范围、文件夹、文件名和类型，然后打开即可。

(2) 正文的输入

在录入文本时应注意以下问题：各行结尾时 Word 会自动换行，所以不必按 Enter 键，一个段落结束时才需要按此键，表示分段；段落前面尽量避免使用空格键，最好使用段落首行缩进的方法来实现。文本对齐方式可用段落组中的命令操作实现。

(3) 文本的选定、删除、移动和复制

选定文本：先选定，后操作，常拖动鼠标选定文本。可选词、块、段、一行或几行或全部。借助 Ctrl 键还可同时选择若干个块。

删除文本：选定文本，按 Delete 键；或者单击"开始"功能区"剪贴板"组中的"剪切"按钮；或者使用快捷菜单中的"剪切"命令。

移动文本：选定文本，剪切，将插入点定位到目标处，粘贴；或者指针指向选定文本，用鼠标拖动到目标处。

复制文本：选定文本，复制，将插入点定位到目标处，粘贴；或者指针指向选定文本，按住 Ctrl 键的同时拖动鼠标到目标处。

(4) 撤销和恢复操作

在编辑文本时，对于误操作，可以通过执行快捷工具栏中的"撤销"和"恢复"命令来补救过错。

(5) 文本的查找与替换

在编辑文档时，会经常查寻或更改一些文档内容，掌握"查找"和"替换"命令的运用可以给文档的编辑带来方便。

查找：在"开始"功能区的"编辑"组中，选择"查找"列表中的"高级查找"命令，输入要查找的内容及格式。选择一个要查找的词句，单击"查找"命令可以找到正文中所有相同的词句。

替换：在"开始"功能区的"编辑"组中，执行"替换"命令，输入要查找及替换的内容，选择"替换"或"全部替换"按钮。

(6) 文档的视图

页面视图：所见即所得的效果，可直观显示页面设置、页眉、页脚、分栏、段落、字体、图片及图文混排等各种编辑效果。

大纲视图：适合对长文档进行编辑，可以在各部分间快速移动，进行整体版式控制以及主控文档与子文档的操作。

草稿视图：不能看到页眉、页脚及分栏。多用于一般文字录入时使用，并可进行文字、段落的排版编辑。

阅读版式视图：适合于对文档进行阅读的视图。

Web 版式视图：比较适合于制作网页文档。

4. 页面的排版

(1) 页面设置

在"页面布局"功能区的"页面设置"组中选择相关的命令可以设置纸张大小、纸张方向、文字方向、页边距、页面分栏等，还可以进行分隔符以及行号等操作。

(2) 页眉、页脚和页码

在"插入"功能区中的"页眉和页脚"组中进行操作。页眉位于页面上部，页脚位于页面底部。在页眉或页脚编辑状态下会出现页眉和页脚设计工具，利用它们可以对页眉和页脚进行设计与操作。按 Esc 键可以退出页眉或页脚编辑状态。

页码：在"插入"功能区中的"页眉和页脚"组中进行操作。单击"页码"按钮，在弹出的菜单中进行设置。

5. 文档的排版

(1) 字符格式编排

字符格式是为字符设置字号、字体、字形、字间距、文本效果和字符边框、底纹等的修饰。可通过"开始"功能区的"字体"组提供的命令来操作，也可通过对话框启动器打开字体对话框进行操作。

字符格式可以使用格式刷进行复制应用。

(2) 段落格式编排

为整个段落设置段边距、首行缩进、对齐方式、行间距、段间距等。可用"开始"功能区的"段落"组提供的命令进行操作，也可通过对话框启动器打开段落对话框进行操作。

段落标记既标识了段落的结束，又存储了该段落的格式。

段落文本的对齐方式：有两端对齐、左对齐、居中、右对齐和分散对齐。

文本缩进：有左缩进、首行缩进、悬挂缩进和右缩进。

段落的边框和底纹：在"格式"菜单中执行"边框和底纹"命令，可设置边框和底纹。

(3) 项目符号、编号、多级列表

作用于以段落为基本单位的文本项，通过"开始"功能区的"段落"组提供的相关命令可以方便地实现。

(4) 分栏

选中要分栏的段落，在"页面布局"功能区的"页面设置"组所提供的分栏命令中，执行"更多分栏"命令，之后在弹出的对话框中可以进行栏数、栏间距、分隔线等设置。

(5) 样式

样式是若干文本格式的组合，每个样式都有一个样式名。样式有 Word 提供的内置样式，也可以按需要自行创建。应用样式的方法与设置格式的方法相似，先选中要应用样式的文本，然后在"开始"功能区的"样式"组中选择样式名即可。样式可以更改,更改后的样式自动应用于已应用该样式的文本中。

(6) 模板

模板是创建 Word 文档的基础文件,一般其中预置了基础的格式设置,有的模板还提供了基础文本内容,这为快捷高效地创建用户的文档提供了便利。在新建文档时可以选择一种合适的模板。模板文件的扩展名是 dotm。

6. Word 表格

(1) 表格的建立

包括插入空表、绘制自由表格、文本转换成表格和输入表格内容,可以通过"插入"功能区"表格"组中的命令进行操作。

(2) 表格的编辑

选定编辑对象,插入、删除、移动、复制行或列,改变行高与列宽,合并、拆分单元格和表格。光标定位于表格中时会出现表格工具,可以利用该工具对表格进行设计与布局。

(3) 格式化表格

包括表格及内容的对齐、表格加边框及底纹、表格的计算、表格的排序、由表生成图等操作。

(4) 表格数据的计算

对表格中的数据,Word 提供了计算功能,可以编辑公式计算,或通过函数进行计算。

7. Word 2010 的图形功能

可直接插入 Word 文档中并对其进行编辑的图形有:剪辑库中的图片、Windows 提供的图形文件、"艺术字"、用数学公式编辑器建立的数学公式、通过"绘图"工具栏绘制的自选图形等。

(1) 插入图片

插入剪贴画:定位插入点,在"插入"功能区的"插图"组中选择"剪贴画"命令,在右边出现的窗口中进行剪贴画的搜索,选中后单击即可插入。

插入图片文件:可直接插入.BMP、.WMF、.PNG、.GIF 和.JPEG 等格式的图片文件。定位插入点,在"插入"功能区的"插图"组中选择"图片"命令,在打开的对话框中选择文件即可。

(2) 编辑图片

包括选定图片、缩放、旋转、裁剪、移动、复制、删除、改变图片与文字的环绕方式,以及改变图片的颜色、亮度、艺术效果、删除背景等操作。

(3) 绘制图形

"插入"功能区"插图"组中的"形状"下拉列表中提供了大量的图形绘制工具,单击任一工具,在编辑区按下左键并拖动鼠标即可绘制出相应的图形。

(4) 艺术字

在"插入"功能区"文本"组中的"艺术字"下拉列表中选择艺术字样式,可以插入艺术字,再进一步编辑艺术字的内容。

（5）公式编辑器

定位插入点，在"插入"功能区"符号"组中的"公式"下拉列表中选择现成的公式，或插入新公式并编辑。通过出现的公式工具对公式进行设计。

8. 文件的打印

（1）打印预览

在"文件"选项卡中可以直接预览打印输出的效果。

（2）打印文档

在"文件"选项卡中选择"打印"命令进行打印参数的设置，然后单击"打印"按钮即可。

9. Word 2010 的其他功能

（1）题注：给表格、图片、图表、公式等项添加名称和编号。

在"引用"功能区的"题注"组中选择"题注"命令，会弹出"题注"对话框。

（2）注释：对文档中一些术语的补充说明，一般位于页面的底部或文档的结尾。分为"脚注"和"尾注"。

在"引用"功能区的"脚注"组中选择"插入脚注"命令插入脚注并编辑脚注内容，选择"插入尾注"命令插入尾注并编辑尾注内容，单击对话框触发器则打开"脚注和尾注"对话框，在其中可以进行更多相关设置。

（3）书签：对选定的文本、图形、表格以及其他项的一种特定标记。书签可以在屏幕中显示为一对方括号，书签是不可打印的。在"插入"功能区"链接"组中单击"书签"命令，在弹出的"书签"对话框中可进行相关设置。

（4）交叉引用：指文档的一个位置对文档另一个位置的内容进行引用，例如，可以引用标题、脚注、书签、题注、编号等。在"插入"功能区的"链接"组中选择"交叉引用"命令，在弹出的"交叉引用"对话框中，可以设置要引用的内容。选定交叉引用的位置后，按 F9 键可更新交叉引用。

3.2 重点与难点

1. 重点

本章的重点是 Word 2010 的基本概念与基本操作。Word 2010 的基本操作包括文档的创建、打开与编辑，文档的查找与替换，多窗口编辑，文档的保存、复制、删除、显示与打印，文档字符格式的设置，段落格式和页面格式的编排，Word 2010 的图形功能，Word 2010 的表格制作等。

2. 难点

本章的难点是输入码、国标码、机内码和字型码之间的关系及区位码、国标码和机内码之间的转换，长文档的编辑、索引和目录的创建、多级项目编号、文档不同页眉页脚的设置及图文混排等。

3.3 习　　题

3.3.1　单项选择题

1. 一个字的区位码是 54 48D，那么它的国标码是＿＿＿＿＿。

　　A. 54 48H　　　　　　B. 56 50H　　　　　C. 36 30H　　　　　D. 36 48H

2. 下列不属于输入码的是＿＿＿＿＿。

　　A. 智能 ABC　　　B. 五笔　　　　　C. 紫光　　　　　D. 内码

3. 以输入码形式向计算机输入的汉字信息在计算机内部以＿＿＿＿＿进行存储和处理。

　　A. 内码　　　　　B. 外码　　　　　C. 字模　　　　　D. 国标码

4. 以下各项用十六进制表示两个连续存储单元的内容，其中哪个汉字编码＿＿＿＿＿的国标码是 2B2C。

　　A. ABACH　　　　　B. 1234H　　　　　C. BBBBH　　　　　D. ABCDH

5. 下列汉字输入法中，＿＿＿＿＿输入法是以汉语拼音方案为基础的输入编码。

　　A. 区位码　　　　　B. 郑码　　　　　C. 智能 ABC　　　　　D. 五笔字型

6. 在 Word 中选定正在编辑的整个段落，可以将鼠标指针移到选定栏，再＿＿＿＿＿。

　　A. 单击鼠标右键　　B. 双击鼠标左键　　C. 双击鼠标右键　　D. 三击鼠标左键

7. 假设 Word 中正在编辑已输入了 4 个段落的文档，现在插入点在第三段第一行上，在按下 Home 键、Delete 键后，则＿＿＿＿＿。

　　A. 将第二段和第三段合并为一段　　　　B. 删除第二段最后一个字

　　C. 删除第三段第一个字　　　　　　　　D. 删除整个文档最后一个字

8. 在 Word 中编辑文本时要输入 A_1，这里的 1 可以采用下标形式，设置下标用＿＿＿＿＿命令。

　　A. "开始"功能区中"段落"　　　　　B. "插入"功能区中的"文本"

　　C. "开始"功能区中的"字体"　　　　D. "插入"功能区中的"符号"

9. 用 Word 编辑文本时，将文档中所有的 text 都改成"课本"，用＿＿＿＿＿操作最方便。

　　A. 中文转换　　　B. 替换　　　　　C. 改写　　　　　D. 翻译

10. 为避免在编辑操作过程中突然掉电造成数据丢失，应＿＿＿＿＿。

　　A. 在新建文档时即保存文档　　　　　B. 在打开文档时即进行保存操作

　　C. 在编辑时每隔一段时间做一次存盘　D. 在文档编辑完成时立即保存文档

11. 在 Word 表格中，关于单元格的说法正确的是＿＿＿＿＿。

　　A. 只能是文字　　　　　　　　　　　B. 不可单独进行排版和编辑

　　C. 只能是图像　　　　　　　　　　　D. 文字、符号、图像均可

12. 在 Word 中，需要到达文档的某一位置可使用定位操作，下列不能打开"定位"对话框的操作是＿＿＿＿＿。

　　A. 使用"开始"功能区"编辑"组中的"查找"下拉列表中的"转到"命令

　　B. 按 F5 键

　　C. 使用 Ctrl+G 快捷键

　　D. 使用"开始"功能区"编辑"组中的"选择"下拉列表中的"选择对象"命令

13. 下列关于在 Word 中进行页面操作的说法错误的是_____。

    A. 可以根据需要设置页边距　　　　B. 可以设置纸型以及高度

    C. 页眉页脚设置不能分奇偶页　　　　D. 可以指定每页的行数以及每行的字符数

14. 下列有关 Word 中段落分隔符的叙述，错误的是_____。

    A. 分隔符也能打印出来　　　　B. 不可以自动分段

    C. 段落标记可以隐藏　　　　D. 删除分隔符标志可将两段合成一段

15. 在 Word 中，关于查找/替换操作的说法错误的是_____。

    A. 查找内容可以设置为是否区分大小写

    B. 可以指定查找内容的字体

    C. 可以使用通配符

    D. 可以利用"同音"查找汉语中读音相同的字

16. 在 Word 中处理表格时，下列操作正确的是_____。

    A. 选定表格，按 Delete 键即可删除表格

    B. 选定表格，按 Ctrl+X 快捷键即可删除表格

    C. 通过表格布局工具中的"删除"命令删除单元格，仍可保留文字

    D. 通过表格布局工具中的命令可将任意格式的文字转换成表格

17. 在页面视图所显示的文档中，下列修饰性细节不能打印出来的是_____。

    A. 段落标记　　　　B. 阴影　　　　C. 空心　　　　D. 删除线

18. 下列_____方法无法打开最近编辑的文档。

    A. 启动 Word 后，选择"文件"中的"打开"命令

    B. 在"文件"中的"最近所用文件"列表中选择文档

    C. 在"开始"的"文档"中选择最近使用过的文档

    D. 在窗口控件菜单中的命令列表中选择

19. 在使用 Word 文本编辑软件时，若要把文章中所有出现的"计算机"3 个字都改成以斜体显示，可以选择_____功能。

    A. 样式　　　　B. 改写　　　　C. 替换　　　　D. 粘贴

20. 能显示页眉和页脚编辑方式的是_____。

    A. 普通视图　　　　B. 页面视图　　　　C. 大纲视图　　　　D. 全屏显示

21. 段落标记是在输入_____之后产生的。

    A. 句号　　　　B. Enter 键

    C. Shift+Enter 快捷键　　　　D. 分页号

22. 将文档中的一部分文本内容复制到其他位置，先要进行的操作是_____。

    A. 粘贴　　　　B. 复制　　　　C. 选择　　　　D. 视图

23. Word 在编辑状态下，当前输入的文字显示在_____。

    A. 鼠标光标点　　　　B. 插入点　　　　C. 文件尾部　　　　D. 当前行尾部

24. Word 在编辑状态下，操作的对象经常是被选择的内容，若鼠标在某行行首的左边，下列_____可以仅选择光标所在的行。

　　A. 单击鼠标左键　　　　　　　　B. 将鼠标左键击三下

　　C. 双击鼠标左键　　　　　　　　D. 单击鼠标右键

25. Word 2010 文档文件的默认类型是_____。

　　A. txt　　　　　　B. docx　　　　　　C. wps　　　　　　D. doc

26. Word 在编辑状态下，文档中有一行被选择，按 Delete 键后会_____。

　　A. 删除插入点所在的行

　　B. 删除被选择的一行

　　C. 删除被选择行及其之后的所有内容

　　D. 删除插入点及其之前的所有内容

27. 若要将在 Windows 的其他软件环境中制作的图片复制到当前 Word 文档中，下列说法中正确的是_____。

　　A. 不能将其他软件中制作的图片复制到当前 Word 文档中

　　B. 可以通过剪贴板将其他软件制作的图片复制到当前 Word 文档中

　　C. 先在屏幕上显示要复制的图片，当打开 Word 文档时便可以将该图片复制到 Word 文档中

　　D. 先打开 Word 文档，然后直接在 Word 文档环境下显示要复制的图片

28. 在 Word 的选择框内经常会显示一些单位，下列_____符号代表的单位最大。

　　A. in　　　　　　B. cm　　　　　　C. mm　　　　　　D. Pt

29. Word 文档中，每个段落都有自己的段落标记，段落标记的位置在_____。

　　A. 段落的首部　　　　　　　　　B. 段落的结尾处

　　C. 段落的中间位置　　　　　　　D. 段落中，但用户找不到的位置

30. Word 具有分栏功能，下列关于分栏说法正确的是_____。

　　A. 最多可以设四栏　　　　　　　B. 各栏的宽度必须相同

　　C. 各栏宽度可以不同　　　　　　D. 各栏之间的间距是固定的

31. 中文版 Word 2010 编辑软件的运行环境是_____。

　　A. DOS　　　　　　B. WPS　　　　　　C. Windows　　　　　　D. 高级语言

32. Word 在编辑状态下，若要调整左右边界，利用下列_____方法更快捷。

　　A. 字体窗口　　　　B. 段落窗口　　　　C. 格式刷　　　　D. 标尺

33. 在 Word 中，若要将某一段分成两段，可以先将插入点移到分段的地方，再按_____键。

　　A. Enter　　　　　B. Insert　　　　　C. Ctrl+Insert　　　　D. Alt+Insert

34. Word 窗口的快捷工具栏中，图标_____的用途为存储文件。

　　A. ⬜　　　　　　B. 🖨　　　　　　C. 📂　　　　　　D. 💾

35. 在 Word 中，鼠标双击选定栏，一般表示选定_____。

    A. 全部文档   B. 一句   C. 一行   D. 一段

36. 在 Word 中编辑文档时，若要将一段文字复制到全文最后，可以采用_____操作。

    A. 复制   B. 粘贴   C. 复制+粘贴   D. 剪切+粘贴

37. 在 Word 中，若要使两个已输入的汉字重叠，可以利用"开始"功能区中的_____命令进行设置。

    A. "字体"   B. "段落"   C. "样式"   D. "编辑"

38. 在 Word 中，段落"缩进"后打印出来的文本，其文本相对于打印纸边界的距离为_____。

    A. 页边距   B. 缩进距离

    C. 悬挂缩进距离   D. 页边距+缩进距离

39. 在 Word 中，插入图片后，若希望形成水印图案，即文字和图案重叠，既能看到文字又能看到图案，则应_____。

    A. 将图形置于文本层之下   B. 设置图片与文本同层

    C. 将图形置于文本层之上   D. 在图形中输入文字

40. 下列不属于 Word 提供的辅助应用程序的是_____。

    A. 公式编辑器   B. 艺术字   C. 图表   D. 自动图文集

41. Word 中关于自动更正和自动图文集功能的叙述，_____是错误的。

    A. "自动更正"功能可以自动更正误拼的单词

    B. 使用"自动图文集"功能需对选定的文本或图形先创建"自动图文集"词条

    C. 使用"自动更正"功能需先创建"自动更正"词条

    D. "自动更正"和"自动图文集"的基本功能是相同的

42. Word 字形和字体、字号的默认设置值是_____。

    A. 标准型，宋体，四号   B. 标准型，宋体，五号

    C. 标准型，宋体，六号   D. 标准型，仿宋体，五号

43. 在 Word 的以下视图中，能方便进行图形对象处理(插入图片、图表、文本框、图文)的视图是_____。

    A. 草稿视图   B. 页面视图   C. 大纲视图   D. 主控文档

44. 在 Word 文档的以下视图中，既能编写文章大纲，又可方便地查看文章结构的视图是_____。

    A. 阅读版式视图   B. 页面视图   C. 大纲视图   D. 主控文档

45. 在 Word 中进行文档编辑时，删除插入点前的文字内容按_____键。

    A. Backspace   B. Delete   C. Insert   D. Tab

46. 若要将 Word 等文字处理软件系统创建的文稿读入 PowerPoint 2010 中，应在＿＿＿＿中进行。

  A. 幻灯片视图   B. 幻灯片浏览视图

  C. 大纲视图   D. 备注页视图

47. Word 相对于其他字处理软件而言，最大的优点是＿＿＿＿。

  A. 可进行图文混排   B. 可设置各种字体、字形、字号

  C. 强大的制表功能   D. 编辑速度快

48. Word 默认的存放编辑文档的文件夹是＿＿＿＿。

  A. Windows   B. USER

  C. My Documents   D. 用户任意设置的目录

49. 在 Word 中创建的文档文件，不能用 Windows 中的记事本打开，这是因为＿＿＿＿。

  A. 文件是以.docx 为扩展名   B. 文件中含有汉字

  C. 文件中含有特殊控制符   D. 文件中的西文有"全角"和"半角"之分

50. 在编辑 Word 文档时，若要保存正在编辑的文件但不关闭和退出，则可按＿＿＿＿快捷键来实现。

  A. Ctrl+S   B. Ctrl+V   C. Ctrl+N   D. Ctrl+O

51. 在 Word 中，有关自动更正功能的叙述中，正确的是＿＿＿＿。

  A. 可以自动扩展任意缩写文字

  B. 可以理解缩写文字，并进行翻译

  C. 可以检查任何错误，并加以纠正

  D. 可以自动扩展定义过的缩写文字

52. 在 Word 中调节行间距应该选择＿＿＿＿命令。

  A. "页面布局"功能区中的"分隔符" B. "开始"功能区中的"字体"

  C. "开始"功能区中的"段落"   D. "视图"功能区中的"显示比例"

53. 在 Word 中插入一张空表时，当固定列宽设为"自动"时，系统的处理方法是＿＿＿＿。

  A. 根据预先设定的默认值确定   B. 设定列宽为 10 个汉字

  C. 设定列宽为 10 个字符

  D. 根据列数和页面设定的宽度自动计算而确定

54. 在 Word 中设置字符颜色，应先选定文字，再选择"开始"功能区"＿＿＿＿"组内的命令。

  A. 段落   B. 字体   C. 样式   D. 颜色

55. 在 Word 编辑过程中，使用＿＿＿＿键可将插入点直接移到文章末尾。

  A. Shift+End   B. Ctrl+End   C. Alt+End   D. End

56. 在 Word 编辑过程中，为了选定大段连续的行，可以先用鼠标在选定栏单击第一行，然后利用___①___，把最后一行显示在屏幕上，再按住___②___键，并用鼠标单击该行的选定栏。

① A. 状态栏　　　　B. 工具栏　　　　C. 滚动栏　　　　D. 标尺栏

② A. Ctrl　　　　　B. Alt　　　　　　C. Shift

57. 启动 Word 2010 的方法中，常规启动法的第一步是单击_____。

　　A. 鼠标左键　　　　　　　　　　　B. 鼠标右键

　　C. 屏幕底部左下角的"开始"按钮　　D. Windows 任一图标

58. "文件"菜单中"关闭"命令的意思是_____。

　　A. 关闭 Word 窗口连同其中的文档窗口，并退到 Windows 窗口

　　B. 关闭文档窗口，并退到 Windows 窗口中

　　C. 关闭 Word 窗口连同其中的文档窗口，并退到 DOS 状态下

　　D. 关闭文档窗口，但仍在 Word 内

59. "文件"菜单中"退出"命令的意思是_____。

　　A. 关闭 Word 窗口连同其中的文档窗口，并退到 Windows XP 窗口

　　B. 关闭 Word 窗口连同其中的文档窗口，并退到 DOS 状态下

　　C. 退出 Word 窗口并关机

　　D. 退出正在执行的文档，但仍在 Word 窗口中

60. 要改变窗口尺寸，首先应将鼠标放在_____。

　　A. 窗口内任一位置　　B. 窗口四角或四边　　　C. 窗口右上角按钮上

　　D. 窗口标题栏　　　　E. 窗口左上角控制按钮上　F. 窗口滚动条上

61. 下列有关 Word 格式刷的叙述中，_____是正确的。

　　A. 格式刷只能复制纯文本的内容

　　B. 格式刷只能复制字体格式

　　C. 格式刷只能复制段落格式

　　D. 格式刷既可以复制字体格式，又可以复制段落格式

62. 在 Word 中编辑文档时，要插入分页符来开始新的一页，应按_____键。

　　A. Ctrl+Enter　　　　B. Delete　　　　C. Insert　　　　D. Enter

63. 在 Word 中，有关表格的叙述，以下说法正确的是_____。

　　A. 文本和表格可以互相转换

　　B. 可以将文本转换为表格，但表格不能转换成文本

　　C. 文本和表格不能互相转换

　　D. 可以将表格转换为文本，但文本不能转换成表格

64.　在 Word 中，如果选中大段文字，不小心按了空格键，则大段文字将被一个空格所代替。此时可用_____操作还原到原先的状态。

　　A. 替换　　　　　　　　B. 粘贴　　　　　　　C. 撤销　　　　　　　D. 恢复

65. 在 Word 中，只有使用_____键删除的内容，可以使用"粘贴"命令恢复。

　　A. Backspace　　　　　　B. Delete　　　　　　C. Ctrl+X　　　　　　D. Enter

66. 如果 Word 表格中同列单元格的宽度不合适，可以利用_____进行调整。

　　A. 水平标尺　　　　　　　　　　　　　B. 滚动条

　　C. 垂直标尺　　　　　　　　　　　　　D. 表格自动套用格式

67. 在 Word 中，要使文字环绕在图片的边界上，应选择_____方式。

　　A. 四周环绕　　　　　B. 紧密环绕　　　　　C. 无环绕　　　　　D. 上下环绕

68. 新建 Word 文件的快捷键是_____。

　　A. Ctrl+O　　　　　　　B. Ctrl+S　　　　　　C. Ctrl+N　　　　　　D. Ctrl+V

69. 在 Word 窗口中，利用_____可方便地调整段落伸出、缩进，页面边距、表格的列宽和行高。

　　A. 标尺　　　　　　　B. 格式工具栏　　　　C. 常用工具栏　　　　D. 表格工具栏

70. 在 Word 文档中，如果要对整个段落的左边界进行调整，可以通过拖动水平标尺上的"_____"按钮来完成。

　　A. 首行缩进　　　　　B. 左缩进　　　　　　C. 右缩进　　　　　　D. 悬挂缩进

71. 打开 Word 文件的快捷键是_____。

　　A. Ctrl+O　　　　　　　B. Ctrl+S　　　　　　C. Ctrl+N　　　　　　D. Ctrl+V

72. 在 Word 环境中，不用打开文件对话框就能直接打开最近使用过的 Word 文件的方法是_____。

　　A. 快捷工具栏按钮　　　　　　　　　　B. "文件"中的"打开"命令

　　C. 快捷键　　　　　　　　　　　　　　D. "文件"中的"最近所用文件"列表

73. 关闭当前文件的快捷键是_____。

　　A. Ctrl+F6　　　　　　　B. Ctrl+F4　　　　　　C. Alt+F6　　　　　　D. Alt+F4

74. 对文件 A.doc 进行修改后退出时，Word 会提问"是否将更改保存到 A.doc 中？"，如果希望保留原文件，将修改后的文件存为另一文件，应当选择"_____"按钮。

　　A. 保存　　　　　　　B. 不保存　　　　　　C. 取消

75. 在 Word 2010 中，要实现首字下沉功能，应_____。

　　A. 执行"插入"|"首字下沉"命令

　　B. 执行"插入"|"图片"命令

　　C. 使用"绘图"工具栏中的"插入艺术字"按钮

　　D. 执行"格式"|"首字下沉"命令

76. 退出 Word 的最快方法是按_____键。

    A. Alt+F4   B. Ctrl+F4   C. Alt+F   D. Esc

77. 用英文录入文件时，键盘字母大小写状态的切换键是_____，如果按下_____的同时输入英文字母可以改变该英文字母为另一种状态形式(即原先为小写状态的则改变成大写输入，原先为大写状态的则改变成小写输入)。

    A. Tab   B. Caps Lock   C. Ctrl

    D. Shift   E. Alt

78. 默认情况下，循环切换系统已安装的输入法的键盘操作键为_____；将当前中文输入法与英文输入法进行快速切换的快捷键为_____。

    A. Ctrl+Space   B. Shift+ Space   C. Ctrl+Shift   D. Alt+Shift

79. 用鼠标选择输入法时，可以单击屏幕_____方的输入法选择器。

    A. 左上   B. 左下   C. 右下   D. 右上

80. Word 的录入原则是_____。

    A. 可任意加空格、回车键

    B. 可任意加空格，不可任意加回车键

    C. 不可任意加空格，可任意加回车键

    D. 不可任意加空格、回车键

3.3.2 双项选择题

1. 在 Word 2010 中，下列有关表格的说法，正确的是_____。

    A. 可以将文本转换为表格   B. 不可将表格转换为文本

    C. 可以更改表格边框的线型   D. 表格中只能输入正文，不能输入图形

2. 在 Word 2010 中对文档的某些内容进行注释，可采用脚注或尾注，下列说法正确的是_____。

    A. 脚注正文放在所在节的底部

    B. 脚注正文放在所在页的底部

    C. 注释由引用标记和注释正文构成

    D. 删除了注释正文，也就删除了注释(包括标记)

3. 对 Word 2010 编辑软件来说，"开始"功能区中"段落"组可实现的操作有_____。

    A. 设置段落间距   B. 设置行间距   C. 设置字符间距   D. 设置首字下沉

4. Word 的_____操作具有替换文档内容的功能。

    A. 样式   B. 自动图文集   C. 书签   D. 自动更正

5. 在 Word 中关闭文件时，_____。

    A. 可以关闭文件而不退出 Word

    B. 可以退出 Word 而不关闭文件

    C. 可以不保存所做的修改而关闭文件

    D. 不可以单独关闭同一个文件的几个活动窗口中的一个

6. Word 2010 采用视图方式显示文档，Word 提供了多种视图，下列为 Word 视图的是＿＿＿＿＿＿。

　　A. 页面视图　　　　B. 备注页视图　　　　C. 正文视图　　　　D. 大纲视图

7. 利用 Word 的标尺可以完成多种编辑功能，水平标尺可以完成的功能是＿＿＿＿＿＿。

　　A. 段落缩进　　　　　　　　　　　B. 调整字符间距

　　C. 调整页面上下页边距　　　　　　D. 改变表格的列宽

8. 文档文件与文本文件的主要区别是＿＿＿＿＿＿。

　　A. 是否允许插入打印格式、排版格式控制符

　　B. 是否允许含有 ASCII 码

　　C. 是否允许含有汉字

　　D. 是否具有通用性

9. 以下关于 Word 的使用叙述中，正确的有＿＿＿＿＿＿。

　　A. 按下"显示/隐藏"按钮，则可显示所有被隐藏的文字，包括空格及回车符

　　B. 可直接按下"右对齐"按钮而不用选定，对插入点所在行进行设置

　　C. 若选定文本后，单击"加粗"按钮，则选定部分的字体全部变成粗体

　　D. 单击"格式刷"按钮，可以复制多次

10. 在 Word 中，现要把某处已存在的 computer 更改为 COMPUTER，则可以＿＿＿＿＿＿。

　　A. 利用"替换"命令　　　　　　　　B. 利用"更正大小写"命令

　　C. 利用"自动更正"命令　　　　　　D. 利用拼写检查功能进行检查

11. 在 Word 中已打开多个文档，若将当前活动文档切换成其他文档，可以＿＿＿＿＿＿。

　　A. 使用"文件"选项卡　　　　　　　B. 使用任务栏

　　C. 使用"视图"选项卡　　　　　　　D. 使用"页面布局"选项卡

12. 在"字体"对话框中，可设置的效果有＿＿＿＿＿＿。

　　A. 删除线　　　　　　B. 上标　　　　　C. 居中　　　　　D. 分页

13. Word 中的工作窗口＿＿＿＿＿＿。

　　A. 可以任意移动和改变尺寸　　　　　B. 不可移动最大化窗口

　　C. 可以同时激活两个窗口　　　　　　D. 只能在激活窗口中输入汉字

14. Word 打开文件的功能有＿＿＿＿＿＿。

　　A. 打开任意多个文件　　　　　　　　B. 打开文件的数目取决于内存大小

　　C. 一次可以打开多个文件　　　　　　D. 可以打开任何类型的文件

15. 关于创建模板，下列说法正确的是＿＿＿＿＿＿。

　　A. 在"文件"选项卡中的"新建"中选择"样本模板"

　　B. 在"文件"选项卡中选择"最近所用文件"命令

　　C. 根据已有的文件创建一个模板

　　D. 根据已有的模板不能创建另一个模板

16. Word 具有强大的文档保护功能，可以做到_____。

    A. 忘记口令时也能打开所需文件

    B. 隔一定时间自动保存当前文档

    C. 一次保存所有打开文件、模板、目录及自动图文集文件

    D. 不能用多种格式保存文件

17. 退出 Word 可以选择下列操作之一_____。

    A. 双击 Word 左上角的小方框

    B. 在"文件"选项卡中选择"退出"命令

    C. 按 Shift+F4 快捷键

    D. 在"文件"选项卡中选择"关闭"命令

3.3.3　填空题

1. 在 Word 2010 中初次保存文档同时设置密码的操作，是指在_____中，单击"工具"按钮，然后选择"常规选项"。

2. 若一个字的区位码为 54 36，则其机内码为_____。

3. 在 Word 编辑状态下，要把一个段落分成两个段落，应进行的操作是在需分段处按下_____键。

4. 在 Word 中，若在一行文本中双击左键，则表示选定_____。

5. 在 Word 中，已插入一张多行多列的表格，现插入点位于表格中的某个单元格内，使用"表格工具"中的"选择行"命令后，再合并单元格，然后将光标移到没有合并的单元格内再使用"表格"菜单中的"选择列"命令，则表格中被选中的部分是光标所在的_____以及被合并的单元格。

6. 在 Word 中，用扩展方式选取文本，可按键盘上的____键。关闭扩展方式，可直接按_____。

7. 在 Word 中，通过"_____"功能区下的"_____"组可以编辑页眉和页脚。

8. 在 Word 中，若要求 Word 能自动将误拼的单词更正，则要进行添加_____的文本操作。

9. 使用 Word 时，若错误地删除了某文本，可用快捷工具栏中的"_____"按钮将被删除的文本恢复。

10. 在 Word 中，"开始"功能区中"剪切"命令的作用是将_____的内容移到_____上。

11. 在 Word 中，将常用的文本或图形定义为一词条名后，每次利用该词条名可达到快速简便输入的目的。这种方法是采用了_____或_____。

12. 在 Word 中，若要把原来的 Word 文档文件 a.doc 以文本的格式存盘，应使用"文件"选项卡中的"_____"命令。

13. 在 Word 中，利用_____可以很直观地改变段落的缩进方式，也可以调整页的左右_____边距。

14. 在 Word 中，若要把文档第 3 页至第 6 页及第 10 页的内容打印出来，其打印范围应填上_____。

15. Word 文档分_____、文本层、文本层之下的层共 3 个层次。

16. 用 Word 编辑文档时插入图像的形式有两类，一类称为嵌入，另一类称为_____。

17. 在 Word 中，有时为了保持表格的完整性，往往采用人工分页，实现人工分页的方法是：先将插入点移到要分页处，再使用"插入"功能区中的"_____"命令。

18. 在 Word 窗口的文本区中，有一个闪烁的 I 光标，称为_____。

19. 在 Word 文档窗口左边有一列空列，称为选定栏，作用是选定文本。其典型的操作是当鼠标指针位于选定栏时，单击左键则选定_____，双击左键则选定_____，三击左键则选定_____。

20. 在 Word 中，要想把一些常用的文本字段和复杂的表格、图形方便地插入文稿，可以利用 Word 提供的_____功能。

21. 在 Word 中浏览文稿时，若要把插入点快速移到文章头部，可按_____键；若要将插入点快速移到文章尾部，可按_____键。

22. "查找"和"替换"命令是在 Word 中编辑文稿时非常有用的工具，如果要把一篇文稿中的 Computer 替换成"计算机"，应选择"开始"功能区中的"_____"命令，在出现的"查找和替换"对话框的"查找内容"栏中输入_____，在"替换为"框中输入"_____"，然后单击"全部替换"按钮。

23. 在 Word 编辑状态下，要把两个相邻的段落文字合并为一段，应进行的操作是删除两段间的_____标记。

24. 在 Word 中，单击鼠标_____可以取得与当前工作相关的快捷菜单，从而方便快速地选择命令。

3.3.4　判断正误题

1. 在 Word 中单击状态栏中的"插入"按钮，按钮文字显示为改写，表明当前的输入状态已设置为改写状态。

2. 在 Word 中，宏录制器不能录制文档正文中的鼠标操作，但能录制文档正文中的键盘操作。

3. Word 中的"替换"命令与 Excel 中的"替换"命令功能完全相同。

4. Word 中的自动更正功能仅可替换文字，不可替换图像。

5. 在 Word 中，对已输入的文字，利用"字体"对话框更改其格式时，必须事先选定这些文字；而对某个已输入的段落，利用"段落"对话框更改其格式时，可不必事先选定整个段落。

6. 在 Word 中将某段已选定的文字设置为黑体的操作为：选择"开始"功能区中的"字体"对话框触发器，设置其中的字体颜色为黑色，单击"确定"按钮。

7. Word 和 Excel 应用程序窗口中都有一个编辑栏。

8. 一旦在 Word 编辑的文稿中设置了人工分页符(硬分页符)，这种硬分页符就不能再取消。

9. 在 Word 中建立交叉引用的项必须在同一文档中。

10. 用 Word 所制作的表格大小有限制，一般表格的大小不能超过一页。

11. 用 Word 编辑文本时，若要删除文本区中某段文本的内容，可先选取该文本，再按 Delete 键。

12. 用 Word 2010 制作表格时，其表格线不占字节，称为非字符型表格。

13. 最小行距是指如果文字超出规定距离，超出部分将无法显示和打印出来。

14. 最小行距是指各种行距设置中，行距最小的一种行距设置。

15. 在 Word 文本中，一次只能定义唯一一个连续的文本块。

16. 宏病毒就是 Word 中的宏。

17. 当前标题内容文档名是"文档1"时，表明这是一个尚未命名和从未保存过的文档。

18. 单击"向下还原"按钮可使窗口还原到最大窗口状态。

3.3.5 简答题

1. 简述 Word 2010 界面的组成。

2. 如何编制奇偶页不同的页码？

3. 如何添加"题注"？

4. 如何建立"交叉引用"？

5. 简述创建文档目录的操作要点。

3.4 习题参考答案

3.4.1 单项选择题答案

1. B	2. D	3. A	4. A	5. C
6. B	7. C	8. C	9. B	10. C
11. D	12. D	13. C	14. A	15. D
16. B	17. A	18. D	19. C	20. B
21. B	22. C	23. B	24. A	25. D
26. B	27. B	28. A	29. B	30. C
31. C	32. D	33. A	34. D	35. D
36. C	37. A	38. D	39. A	40. D
41. D	42. B	43. A	44. C	45. A
46. C	47. A	48. C	49. C	50. A
51. D	52. C	53. D	54. B	55. B
56. C，C	57. C	58. D	59. B	60. B
61. D	62. A	63. A	64. C	65. C
66. A	67. B	68. C	69. A	70. B
71. A	72. D	73. B	74. C	75. A
76. A	77. B，D	78. C，A	79. C	80. D

3.4.2　双项选择题答案

1. AC	2. BC	3. AB	4. BD	5. AC
6. AD	7. AD	8. AD	9. AB	10. AB
11. BC	12. AB	13. BD	14. BC	15. AC
16. BC	17. AB			

3.4.3　填空题答案

1. "保存"对话框
2. D6 C4H
3. Enter
4. 一个单词
5. 列
6. F8　Esc 键
7. 视图　页眉和页脚
8. 自动更正
9. 撤销键入
10. 选定　剪贴板
11. 自动更正　自动图文集
12. 另存为
13. 标尺　页面
14. 3-6　10
15. 绘图层
16. 链接
17. 分页
18. 插入点
19. 一行　一段　整个文档
20. 自动图文集
21. Ctrl+Home，Ctrl+End
22. 替换　Computer　计算机
23. 段落
24. 右键

3.4.4　判断正误题答案

1. √	2. √	3. ×	4. √	5. √	6. ×	7. ×	8. ×
9. ×	10. ×	11. √	12. √	13. ×	14. ×	15. ×	16. ×
17. ×	18. ×						

3.4.5　简答题答案

(答案省略，请参考教材内容。)

3.5　上机实验练习

3.5.1　实验一　Word 文档的基本编辑操作

一、实验目的

1. 熟练掌握一种汉字输入法。
2. 熟练进行文档的创建、保存与打开。
3. 掌握文本内容的选定及编辑的操作方法。

4. 掌握文本的查找与替换的操作方法。

5. 了解文档的不同显示方式。

二、实验内容

1. 输入以下内容(段首暂不要空格)，并以 W1.docx 为文件名保存在当前文件夹中，然后关闭该文档。

WS 是一个较早产生并已十分普及的文字处理系统，风行于 20 世纪 80 年代，汉化的 WS 在我国曾非常流行。1989 年香港金山电脑公司推出的 WPS(Word Processing System)是完全针对汉字处理重新开发设计的，在当时我国的软件市场上独占鳌头。

随着 Microsoft Windows 95 中文版的问世，Microsoft Office 95 中文版也同时发布，但 Microsoft Word 95 存在着在其环境下保存的文件不能在 Microsoft Word 6.0 下打开的问题，这降低了人们对其使用的热情。后来推出的 Microsoft Word 97 不但很好地解决了这个问题，而且还适应信息时代的发展需要，增加了许多新功能。

操作步骤：单击"开始"|"程序"| Microsoft Office | Microsoft Word 2010 命名，打开 Word 2010。在文本区中输入上述文档内容。单击"文件"选项卡，选择"保存"命令，在"另存为"对话框中输入文件名 W1，保存类型选择"Word 文档(*.docx)"，单击"保存"按钮。

2. 打开所创建的 W1.docx 文件，在文本的最前面插入一行标题"文字处理软件的发展"，然后在文本的最后另起一段，输入以下内容，并保存文件。

1990 年 Microsoft 推出的 Windows 3.0，是一种全新的图形化用户界面的操作环境，受到软件开发者的青睐，英文版的 Word for Windows 因此诞生。1993 年，Microsoft 推出 Word 5.0 的中文版，1995 年，Word 6.0 的中文版问世。

操作步骤：打开 W1.docx 文件，在文首插入空行，输入标题"文字处理软件的发展"。将光标移至文尾，输入上述内容。单击快捷工具栏中的"保存"按钮。

3. 将"1989 年……独占鳌头。"另起一段；将正文第 3 段最后一句"……增加了许多新功能。"改为"……增加了许多全新的功能。"。

操作步骤：将光标置于"1989 年……"前，按回车键。将光标移至"多"后，删除"新"，输入"全新的"。

4. 将最后两段正文互换位置；然后在文本的最后另起一段，复制标题以下的 4 段正文。

操作步骤：选中第 3 段，单击"开始"功能区"剪贴板"组中的"剪切"命令，光标移至最后另起一段，单击"粘贴"按钮，删除空行。选中标题以下的 4 段正文，单击"复制"按钮，将光标移至最后另起一段，单击"粘贴"按钮。

5. 将后 4 段文本中所有的 Microsoft 替换为"微软公司"，并利用拼写检查功能检查所输入的英文单词是否有拼写错误，如果存在拼写错误，请将其改正。

操作步骤：选中后 4 段文本，单击"开始"功能区"编辑"组中的"替换"命令，在"查找内容"栏中输入 Microsoft，在"替换为"栏中输入"微软公司"，单击"全部替换"按钮。选中文本，单击"审阅"功能区"校对"组中的"拼写和语法"命令，并按提示进行后续操作。

6. 以不同的显示方式显示文档。

操作步骤：分别执行"视图"功能区"文档视图"组中的"页面视图""阅读版式视图""Web 版式视图"、"大纲视图"和"草稿视图"的命令，观察其显示的形式。

7. 将文档以同名文件另存到磁盘。

操作步骤：单击"文件"选项卡，执行"另存为"命令，在"另存为"对话框中，保存位置自选，在文件名中输入 W1，保存类型为"Word 文档(*.docx)"，单击"保存"按钮。

3.5.2　实验二　Word 文档格式化的操作

一、实验目的

1. 掌握文档字符格式化的操作。
2. 掌握文档段落格式化的操作。
3. 掌握文档内容的分栏操作。

二、实验内容

将保存的 W1.docx 文件复制到桌面上，然后进行下列排版操作，并将排版后的文档以 W2.docx 为文件名另存到磁盘。

1. 将标题"文字处理软件的发展"设置为"标题 3"样式、居中，并将标题中的"文字处理"设置为红色、字符间距设置为加宽 6 磅、文字提升 6 磅、加上着重号；将标题中的"软件的发展"设置为二号，然后为标题添加图案样式为 15%，图案颜色为"白色，背景 1，深色 25%"的底纹图案以及 2.25 磅的阴影边框。

操作步骤：选中标题文字"文字处理软件的发展"，单击"开始"功能区"样式"组中"标题 3"(如果没有"标题 3"选项，则单击其他按钮展开样式列表，单击"应用样式…"菜单项，在打开的对话框中选择"标题 3"样式)，单击"段落"组中的"居中"按钮。

选中"文字处理"文字，单击"字体"组中的"字体颜色"按钮，选择"红色"。单击"字体"对话框触发器，打开"字体"对话框，单击"高级"选项卡，在"字符间距"栏的"间距"框中选择"加宽"，磅值为 6，"位置"框中选择"提升"，磅值设为 6；单击"字体"选项卡，着重号设为"•"，单击"确定"按钮。

选中"软件的发展"文字，单击"字体"组中的"字号"下拉按钮，选择"二号"。

选中标题"文字处理软件的发展"，单击"页面布局"功能区"页面背景"组中"页面边框"命令，单击"底纹"选项卡，在样式框中选中"15%"，颜色框中选择"白色，背景 1，深色 25%"，单击"边框"选项卡并设置"阴影"，宽度为 2.25 磅，单击"应用于"下拉按钮，选择"文字"，单击"确定"按钮。

2. 将第一段正文设置为宋体、小四号，使该段最后一句话的格式与标题中"文字处理"这几个字的格式相同，然后对该段中的"文字处理"几个字添加 1.5 磅的单线边框。

操作步骤：选中第一段，单击"开始"功能区"字体"组的"字体"下拉按钮，选择"宋体"；单击"字号"下拉按钮，选择"小四号"。

选中标题中的"文字处理"，双击"剪贴板"组中的"格式刷"按钮，用鼠标拖动"格式刷"刷过第一段的最后一句话。

选中第一段中的"文字处理"文字，单击"页面布局"功能区"页面背景"组中的"页面边框"命令，单击"边框"选项卡，选择"方框"，样式选择第一条线，宽度设为"1.5磅"，在"应用于"下拉按钮中选择"文字"，单击"确定"按钮。

3. 将第2段、第3段正文中的中文字体设置为宋体，西文字体设置为Arial；将第4段正文中的所有英文字母设置为加粗倾斜、小四号、加下画波浪线。

操作步骤：选中第2段、第3段，单击"开始"功能区"字体"组中的"字体"下拉按钮，选择"宋体"，选择西文字体Arial。选中第4段中的英文字母Microsoft，单击"字体"组中的字体对话框触发器，在"字体"选项卡中选择字形为"加粗 倾斜"，字号为"小四"，下画线为波浪线，单击"确定"按钮；双击"格式刷"按钮，拖动鼠标逐个刷过第4段的所有英文字母。

4. 使正文的倒数2段至倒数第4段与其前后的正文各空一行，并给这3段加上红色、五号的菱形项目符号。

操作步骤：将光标定位于倒数第1段的行首，按回车键；再将光标定位于倒数第4段的行首，按回车键。选中倒数第2段至第4段，单击"开始"功能区"段落"组中的"项目符号"下拉按钮，选中"项目符号库"中的菱形符号，再次单击"段落"组中的"项目符号"下拉按钮，选择"定义新的项目符号"命令，单击"字体"按钮，选择字号为"五号"，字体颜色为"红色"，单击"确定"按钮。

5. 将最后一段正文分成3栏，前两栏的栏宽分别为3厘米、4.5厘米，中间加分隔线，然后使该段首字下沉2行、距正文0.2厘米。

操作步骤：选中最后一段，单击"页面布局"功能区中的"分栏"按钮命令，在"分栏"下拉列表中，选择"更多分栏"命令，设置栏数为3，取消"栏宽相同"的选中状态，设置第1栏和第2栏的栏宽分别为3厘米和4.5厘米，选中"分隔线"复选框，单击"确定"按钮。

选中"随"字，单击"插入"功能区"文本"组中的"首字下沉选项"命令，设置位置为"下沉"，下沉行数为2，距正文"0.2厘米"，单击"确定"按钮。

6. 使标题以下的4段正文首行缩进，并将第一段设置为1.5倍行距、左右各缩进1厘米、段后间距设置为5磅。

操作步骤：选中第1段至第4段文字，单击"开始"功能区"段落"组中的"段落"对话框触发器，打开"缩进和间距"选项卡，设置特殊格式为"首行缩进"，单击"确定"按钮。将光标定位于第1段，单击"开始"功能区"段落"组中的"段落"对话框触发器，打开"缩进和间距"选项卡，将行距设置为"1.5倍行距"，缩进设置为左"1厘米"、右"1厘米"，段后间距设置为"5磅"，单击"确定"按钮。

3.5.3　实验三 Word 表格操作

一、实验目的

1. 掌握表格的创建。
2. 掌握表格的编辑。
3. 掌握表格格式化的操作。
4. 了解表格的计算功能及由表生成图表的功能。

二、实验内容

1. 建立如图 3-1 所示的表格，并以 W3.docx 为文件名保存在当前文件夹中。

姓名	大学英语	高等数学	计算机基础
张三	78	78	88
李四	76	89	87
王五	80	77	69

图 3-1　W3.docx 表格示意图

操作步骤：定位光标，单击"插入"功能区"表格"组中的"表格"按钮，在下拉列表的"插入表格"区域中移动鼠标至 4 行 4 列区域大小，单击鼠标插入表格。在单元格中输入数据。单击"文件"选项卡中的"保存"命令，在"另存为"对话框中，输入文件名 W3，保存类型选择"Word 文档(*.docx)"，单击"保存"按钮。

2. 在"计算机基础"的右边插入一列，列标题为"平均分"，使用 Word 提供的公式计算各人的平均分(保留 1 位小数)；在表格的最后增加一行，行标题为"各科平均"，使用 Word 提供的公式计算各科的平均分(保留 1 位小数)。结果如图 3-2 所示。

姓名	大学英语	高等数学	计算机基础	平均分
张三	78	78	88	81.3
李四	76	89	87	84.0
王五	80	77	69	75.3
各科平均	78.0	81.3	81.3	80.2

图 3-2　计算平均分后的表格示意图

操作步骤：选中第 4 列，单击"表格工具"的"布局"选项卡，在"行和列"组中单击"在右侧插入"命令。在第 1 行第 5 列单元格中输入文字"平均分"。光标定位于第 2 行第 5 列的单元格，单击"布局"选项卡"数据"组中的"公式"命令，在公式栏中输入"=AVERAGE(LEFT)"，"编号格式"栏中输入 0.0，单击"确定"按钮 。用类似的方法可求其余各人的平均分。

选中第 4 行，单击"表格工具"的"布局"选项卡，在"行和列"组中选择"在下方插入"命令。在第 5 行第 1 列单元格中输入文字"各科平均"。光标定位于第 5 行第 2 列的单元格，单击"布局"选项卡"数据"组中的"公式"命令，在公式栏中输入=AVERAGE(ABOVE)，"编号格式"栏中输入 0.0，单击"确定"按钮。用类似的方法可求其余各科的平均分。

3. 将表格第 1 行的行高设置为 20 磅最小值，该行文字为粗体、小四，并水平、垂直居中；其余各行的行距设置为 16 磅最小值，文字垂直底端对齐；姓名水平居中，各科成绩及平均分靠右对齐。

操作步骤：选定第 1 行，单击"布局"选项卡"表"组中的"属性"命令，在"行"选项卡"指定高度"栏中输入"20磅"，单击"确定"按钮。单击"开始"功能区"字体"组中的"加粗"按钮；单击"字号"下拉列表按钮，选择"小四"。单击"布局"选项卡"对齐方式"组中的"水平居中"按钮。

用类似方法完成操作的其余部分。

4. 将表格的外框线设置为1.5磅的粗线，内框线设置为0.75磅，第一行的下线与第一列的右框线为0.75磅的双线，然后对第一行与最后一行添加10%的蓝色底纹。然后将整个表格居中。

操作步骤：选中整个表格，单击表格工具中的"设计"选项卡，单击"表格样式"组中的"边框"下拉列表按钮，选择"边框和底纹"命令，单击"设置"栏中的"自定义"按钮，选择"样式"列表中的第一条线，设置宽度为"1.5磅"，设置预览中的表示上边框、下边框、左边框和右边框的4个按钮。设置宽度为"0.75磅"，单击预览中的表示内部横线的按钮和表示内部竖线的按钮，单击"确定"按钮。

选中第1行，单击表格工具中的"设计"选项卡，单击"表格样式"组的"边框"下拉列表按钮，选择"边框和底纹"命令，选定样式为双线，设置宽度为"0.75磅"，再二次单击预览中表示下框线的按钮，单击"确定"按钮。

选中第1列，单击表格工具中的"设计"选项卡，单击"表格样式"组的"边框"下拉列表按钮，选择"边框和底纹"命令，选定样式为双线，设置宽度为"0.75磅"，再二次单击预览中表示右边框的按钮，单击"确定"按钮。

分别选中第1行与最后1行，单击表格工具中的"设计"选项卡，单击"表格样式"组的"边框"下拉列表按钮，选择"边框和底纹"命令，单击"底纹"选项卡，选择填充为"蓝色"，样式为10%，单击"确定"按钮。

选定表格，单击表格工具"布局"选项卡"表"组中的"属性"命令，在"表格"选项卡中选择对齐方式为"居中"，单击"确定"按钮，效果如图3-3所示。

姓名	大学英语	高等数学	计算机基础	平均分
张三	78	78	88	81.3
李四	76	89	87	84.0
王五	80	77	69	75.3
各科平均	78.0	81.3	81.3	80.2

图3-3 设置边框与底纹后的表格示意图

5. 在表格的上面插入1行，合并单元格，然后输入标题"成绩表"，格式为黑体、三号、居中、取消底纹。

操作步骤：选中第1行，单击表格工具中的"布局"选项卡，在"行与列"组中单击"在上方插入"命令。选中第1行，单击"合并"组中的"合并单元格"命令，合并单元格。在单元格中输入文字"成绩表"。选定第1行，使用"开始"功能区的"字体"组，设置字体为"黑体"，字号为"三号"，单击"段落"组中的"居中"命令。

单击表格工具中的"设计"选项卡，单击"表格样式"组中的"边框"下拉列表按钮，选择"边框和底纹"命令，单击"底纹"选项卡，选择填充为"无颜色"，样式为"清除"，单击"确定"按钮。

6. 试绘制如图 3-4 所示的课程表。

课 程 表

星期 时间	一	二	三	四	五
上 午 1 2	高 数	英 语	高数(单)	体 育	修 养
上 午 3 4	制 图	普 化	制图(双)	英 语	高 数
下 午 5 6	普化实验	形势与 政策(双)	听 力	普化(单)	
下 午 7 8				计 算 机	

图 3-4 课程表

操作步骤：略。

3.5.4 实验四 Word 图文混排与页面排版

一、实验目的

1. 能熟练进行插入图片及设置图形格式的操作。
2. 熟练运用绘图工具栏。
3. 能进行艺术字、文本框的插入与编辑。
4. 掌握文档的页面排版及文档页眉页脚的设置。
5. 了解公式编辑器的使用。

二、实验内容

打开保存的 W1.docx 文件，将标题及前 4 段正文复制到一个新文件中，并以 W4.docx 为文件名保存在当前文件夹中，然后进行下列操作。

1. 将标题"文字处理软件的发展"改为艺术字，字体为隶书、24 磅、红色。

操作步骤：选中标题"文字处理软件的发展"，单击"插入"功能区"文本"组中的"艺术字"命令，选定某个样式；然后单击"开始"功能区，在"字体"组中设置字体为"隶书"，字号为"24 磅"，字体颜色为"红色"。

2. 在第 1 段正文前插入一幅卡通剪贴画。要求采用嵌入方式插入，高度、宽度缩小至 30%。

操作步骤：单击"插入"功能区"插图"组中的"剪贴画"命令按钮，搜索并选定一幅剪贴画。右击"剪贴画"，在快捷菜单中选择"大小和位置"命令，在"大小"选项卡中设置缩放高度为 30%，宽度为 30%，单击"确定"按钮。

3. 插入一个横排文本框，输入"文字处理"几个字，并设置成粗体、三号，填充色为蓝色。

操作步骤：单击"插入"功能区"文本"组的"文本框"下拉列表中的"绘制文本框"命令按钮；在正文中按下鼠标左键，拖动鼠标左键在出现的文本框中输入"文字处理"；选中"文字处理"，设置字体为"加粗"，设置字号为"三号"；选定"文本框"，单击绘图工具中"格式"选项卡，在"形状与样式"组中的"形状填充"列表中，选择标准色为"蓝色"。

4. 设置页眉"文字处理软件的发展"为楷体、五号。并将文档的上、下边距调整为2.4厘米，左、右页边距调整为3.2厘米，再将文档另存至磁盘。

操作步骤：单击"插入"功能区"页眉和页脚"组的"页眉"下拉列表中的"编辑页眉"命令。在页眉位置输入"文字处理软件的发展"，选定"文字处理软件的发展"，利用"开始"功能区的"字体"组，将字体设置为"楷体"、字号设置为"五号"。单击"页眉和页脚"功能区"设计"选项卡的"关闭"组中的"关闭页眉页脚"按钮。

单击"页面布局"功能区中的"页面设置"对话框触发器，在"页边距"选项卡的上、下栏中输入"2.4厘米"，左、右栏中输入"3.2厘米"，单击"确定"按钮，然后将文档另存至磁盘。

5. 使用公式编辑器编辑数学公式：

$$I = \int_0^1 \frac{4}{1+x^2} dx$$

操作步骤：单击"插入"功能区"符号"组中的"公式"按钮，选择"插入新公式"命令，显示公式工具"设计"选项卡，在公式编辑框中从左至右进行编辑。

6. 用自选图形组合一个如图3-5所示的图形。

图3-5　组合图形

操作步骤：单击"插入"功能区"插图"组中的"形状"下拉按钮，在"基本形状"中选择"笑脸"绘图工具，按下左键，拖动鼠标至适当的大小和位置。单击"绘图工具"下的"格式"选项卡，通过"形状样式"组提供的命令设置形状填充和形状轮廓。使用类似的操作方法分别绘制基本图形的长方形、线条的曲线、标注的云形标注。在云形标注中输入文字"我是谁？"。结合使用Shift键，选中各个图形，右击所选中的部分，在快捷菜单中选择"组合"命令，组合成一个图形。

第 4 章
Excel 2010 表格处理软件

4.1 基本知识点

1. Excel 2010 概述

Excel 2010 是强大的电子表格制作软件，是 Microsoft Office 2010 的重要组成部分，它不仅具有强大的数据组织、计算、分析和统计功能，还可以通过图表、图形等多种形式对处理结果加以形象地显示，更能够方便地与 Office 2010 其他组件相互调用数据，实现资源共享。

(1) Excel 2010 的启动和退出

启动

方法一：使用桌面快捷图标。如果在桌面上已经生成了 Excel 2010 的快捷方式图标，则在 Windows 桌面上双击该图标，即可启动 Excel 2010。

方法二：使用"开始"菜单中的命令。单击 Windows 任务栏上的"开始"按钮，在"开始"菜单中选择"所有程序"菜单项，然后在 Microsoft Office 子菜单中，单击 Microsoft Excel 2010 菜单项。

方法三：双击 Excel 格式文件。找到 Excel 格式的文件后，双击该文件，即可自动启动 Excel 2010，并在其中打开该文件。

方法四：通过快速启动栏启动。拖动桌面的 Excel 2010 快捷图标至快速启动栏中，以后只需单击快速启动栏中的 Excel 按钮即可。

退出

方法一：单击窗口右上角 Excel 2010 标题栏上的关闭按钮。

方法二：在 Excel 2010 的工作界面中按快捷键 Alt+F4。

方法三：在 Excel 2010 工作界面中，单击主菜单项"文件"，然后在弹出的菜单中选择"退出"命令。

(2) Excel 2010 的界面

包括"文件"按钮、功能区、功能选项卡、编辑栏、工作表区、工作表标签、滚动条以及状态栏、视图方式、缩放比例等。

(3) Excel 2010 基本概念

工作簿、工作表、单元格和活动单元格等。

2. 工作簿和工作表的基本操作

(1) 工作簿的创建、打开、保存和关闭

打开"文件"菜单，执行"新建""打开""保存"命令。

(2) 工作表的数据输入

① 单元格数据输入：单击或双击单元格，在单元格或编辑栏内输入数据。

输入时，默认"常规"格式：数字自动右对齐，输入超长时，以科学记数法显示。文字自动左对齐，输入数字字符时，前面加单撇号。文字输入超长时，扩展到右边的列；若右边有内容，则截断显示。

② 数据自动输入：自动填充、系统提供的序列数据、用户自定义的序列数据。

自动填充：输入前两个数，选中这两个单元格，指向第 2 个单元格右下角的自动填充柄，拖动填充柄。

③ 输入有效数据的设置与检查。

(3) 处理工作表

选取单元格：选取单个、多个连续、多个不连续、整行或整列、全部单元格。

数据编辑：修改、清除、删除、复制及移动。注意复制或移动的内容出现单元格相对引用时，目标单元格会自动改变单元格引用。

单元格、行和列的插入与删除：选中一行或多行，然后选择右键快捷菜单中的"插入"命令(或者切换到功能区中的"开始"选项卡，在"单元格"组中单击"插入"按钮右侧的向下箭头，在弹出的菜单中选择"插入单元格"命令)插入；在"单元格"组中单击"删除"按钮右侧的向下箭头，在弹出的菜单中选择"删除单元格"命令(或选择右键快捷菜单中的"删除"命令)。

(4) 编辑工作表

① 工作表的删除、插入和重命名：删除或插入时，先选取工作表，右击工作表标签名，在快捷菜单中选择"删除"或"插入"命令；重命名时，可双击该工作表标签，再输入新名字。

② 工作表的复制和移动：拖动工作表标签移动工作表；复制时，按 Ctrl 键并拖动鼠标。

③ 工作表窗口的拆分与冻结：切换到功能区中的"视图"选项卡，单击"窗口"选项中的"拆分"或"冻结窗格"命令。

3. 工作表格式化

(1) 自定义格式化

选取需格式化的单元格或区域，通过使用"开始"选项卡中的命令按钮或"设置单元格格式"对话框来实现。

① "数字"选项卡：可选择常规、数值、货币、日期、时间、百分比和文本等格式。

② "对齐"选项卡：可设置水平对齐、垂直对齐、合并和方向等方式。

③ "字体"选项卡：可设置字体、字号、字形、效果和颜色等。

④ "边框"选项卡：可设置线型、位置(含斜线)和颜色等。

⑤ "填充"选项卡：可设置背景色、底纹图案和图案颜色。

改变行高与列宽，可用鼠标在行、列号处拖动，也可以使用"格式"菜单中的"行"和"列"命令。

(2) 复制格式

用格式刷工具拖动。

(3) 自动套用格式

选取需格式化的区域，切换到功能区中的"开始"选项卡，在"样式"组中单击"套用表格格式"按钮，选择某种格式。

4. 公式与函数的使用

(1) 输入公式

公式以 "=" 开头，公式中可以使用操作数和运算符。操作数包括单元格、数字、字符、区域名、区域及函数，运算符包括算术运算符、字符运算符和关系运算符。

算术运算符：+、-、*、/、%、^和()，其中%表示百分比，^表示乘方。

字符运算符：&。

关系运算符：=、<、>、<=、>=和<>。

(2) 公式中单元格、区域的引用

相对引用：在公式复制或移动时自行调整单元格地址，如 B6、C3:E8。

绝对引用：在公式复制或移动时单元格地址不会改变，如$B$6、$C$3:$E$8。

混合引用：在一个单元格地址中，既有绝对地址引用，又有相对地址引用，如 B$6, $C3:E$8。

对单元格和区域命名后也可直接引用区域名。

(3) 函数

函数形式：函数名(参数列表)。

使用工具栏中的"粘贴函数"按钮，选取需要的函数并输入参数。若输入求和函数，也可用工具栏中的"自动求和"按钮。

5. 数据分析与管理

(1) 设置数据有效性

选定需要设置数据有效性范围的单元格，切换到功能区中的"数据"选项卡，单击"数据工具"组中的"数据有效性"向下箭头按钮，在弹出的下拉菜单中选择"数据有效性"命令，打开"数据有效性"对话框，在其中可设置有效性相关内容。

(2) 排序

① 简单排序：选定要排序的字段名，切换到"数据"选项卡，在"排序和筛选"组中单击"升序"或"降序"按钮。

② 复杂排序：单击数据区域中的任一单元格，切换到"数据"选项卡，在"排序和筛选"

组中单击排序按钮。打开"排序"对话框，选择排序主关键字段，还可以选择次关键字段(最多两个)。每个关键字段可以选择升序或降序。

(3) 筛选数据

快速选取所需要的数据。

自动筛选：单击数据区域中任一单元格(必须有数据)，然后切换到功能区中的"数据"选项卡，在"排序和筛选"组中单击"筛选"按钮，选择所需字段，选取值或者自定义。

高级筛选：建立条件区域，选定数据区域中的任意一个单元格，然后切换到功能区中的"数据"选项卡，在"排序和筛选"组中单击"高级"按钮，出现"高级筛选"对话框，在"高级筛选"对话框中进行设置。

(4) 数据分类汇总

按某关键字段对数据进行分类汇总前，必须按该关键字段排序。

选择数据区域中任一单元格，然后切换到功能区中的"数据"选项卡，在"分级显示"组中单击"分类汇总"按钮，在"分类汇总"对话框中进行设置。

(5) 使用图表分析数据

① 创建图表

选中创建图表的数据源，切换到功能区中的"插入"选项卡，在"图表"组中选择要创建的图表类型，即可在工作表中创建图表。

② 编辑图表

包括调整图表的位置和大小、更改图表类型、修改图表的内容和删除图表等，针对其他内容的编辑可以双击要修改的对象，然后在弹出的对话框中设置相应的内容即可。

③ 迷你图的使用

迷你图是 Excel 2010 中的新增功能，它是工作表单元格中的一个微型图表，可以提供数据的直观表示。使用迷你图可以显示数值系列中的趋势，可以突出显示最大值和最小值。

选择要创建迷你图的数据范围，然后切换到功能区中的"插入"选项卡，在"迷你图"组中单击一种类型即可。

④ 数据透视表与数据透视图

包括创建、修改和删除等操作。

6. 打印工作表

包括选择纸张大小、页边距、页面方向、页眉和页脚、工作表的设置等。

(1) 页面设置

切换到功能区中的"页面布局"选项卡，在"页面设置"组中可以设置页边距、纸张方向、纸张大小、打印区域与分隔符等。

(2) 设置页眉与页脚

切换到功能区中的"插入"选项卡，在"文本"组中单击"页眉和页脚"按钮。

(3) 打印预览和打印输出

单击"文件"选项卡，在弹出的菜单中选择"打印"命令，在"打印"面板的右侧可预览打印效果。如果对预览效果比较满意，单击"打印"按钮，即可开始打印。

4.2　重点与难点

1. 重点

本章的重点是 Excel 2010 的基本概念和基本操作。包括电子表格、工作簿和工作表的基本概念等；工作表的创建、数据输入、编辑和排版；工作表的插入、复制、移动、更名、保存和保护等基本操作；单元格的绝对地址和相对地址的概念；工作表中公式的输入与常用函数的使用；记录的排序、筛选、查找和分类汇总及图表的创建和编辑等。

2. 难点

本章的难点是单元格绝对地址和相对地址的概念；工作表中公式的输入与常用函数的使用；记录的复杂排序和高级筛选；数据透视表的使用等。

4.3　习　　题

4.3.1　单项选择题

1. Excel 2010 是由_____公司研发的。

    A. Microsoft　　　　　　　B. Adobe　　　　　C. Intel　　　　　D. IBM

2. Excel 工作簿是计算和储存数据的_____，每一个工作簿都可以包含多张工作表，因此可以在单个文件中管理各种类型的相关信息。

    A. 表达式　　　　　　　　B. 二维表格　　　　C. 文件　　　　　D. 图形

3. Excel 2010 工作簿存盘时的扩展名约定为____。

    A. xlsx　　　　　　　　　B. xlc　　　　　　　C. xlt　　　　　　D. dbf

4. Excel 操作中，要显示帮助应按_____键。

    A. F1　　　　　　　　　　B. F4　　　　　　　C. F8　　　　　　D. F10

5. 有单元格 C1、C2、D1、D2、D3、E2、E3，对这些单元格求和，则公式为_____。

    A. "=SUM(C1:E3)"　　　　　　　　　　B. "=SUM(C1:D3，E2:E3)"

    C. "=SUM(C1:C2，D1:D3，E2:E3)"　　　D. "=SUM(C1:E3)"

6. 在 A2 单元格中输入 5，在 B2 单元格中输入 10，在 C1 单元格中输入公式"=SUM(A1，B1)"，将 C1 单元格内容复制到 C2 单元格，则 C2 单元格中的值应为_____。

    A. 0　　　　　　　　　　　B. 5　　　　　　　　C. 15　　　　　　D. 10

7. 在 A1 单元格中输入 5，在 B2 单元格中输入 10，在 C2 单元格中输入公式"=SUM(A1，B2)"，将 C2 单元格公式复制到 C1 单元格，则 C1 单元格中的值应为_____。

    A. 0　　　　　　　　　　　B. 5　　　　　　　　C. 15　　　　　　D. #REF!

8. 在 D 列和 E 列之间插入一列，应选择_____进行操作。

    A. D 列　　　　　　　　　B. E 列　　　　　　　C. C 列　　　　　D. F 列

9. 在 Excel 工作表中，可以输入两种类型的数据是_____。

    A. 数字和文字   B. 常量和公式   C. 英文和中文   D. 正文和附注

10. 保存工作簿时出现"另存为"对话框，则说明_____。

    A. 该文件已经保存过   B. 该文件未保存过

    C. 该文件不能保存   D. 该文件做了修改

11. 使用键盘，快速存储文档，应按_____快捷键。

    A. Alt+S   B. Alt+C   C. Ctrl+S   D. Ctrl+C

12. 使用键盘，快速剪切某张表格，应按_____快捷键。

    A. Ctrl+X   B. Shift+X   C. Ctrl+S   D. Shift+S

13. 使用键盘，粘贴某张表格，应按_____快捷键。

    A. Alt+V   B. Ctrl+V   C. Shift+V   D. Space+V

14. Excel 中的宏是由一系列的_____组成，运行宏就可以完成宏所定义的功能。

    A. 程序   B. 函数   C. 命令和函数   D. 程序和函数

15. Excel 操作中，如果将某些单元格抹黑(选中)，然后按一下 Delete 键，将删除单元格中的_____。

    A. 全部内容(包括格式和附注)   B. 附注

    C. 数据和公式，只保留格式   D. 输入内容(数值或公式)，保留格式和附注

16. 字形大小一般以点数来计量，字形所有的点数越小，表示字形越_____。

    A. 大   B. 小   C. 粗   D. 细

17. 正文色彩，是指单元格内部文字的_____。

    A. 文字色   B. 底色   C. 边框色   D. 前景色

18. 当工作表属于保护状态时，其内部每个单元格都会被锁住，即每个单元格只能_____。

    A. 查看   B. 修改   C. 变大小

19. Excel 函数中，各参数间的分隔符一般用_____。

    A. 逗号   B. 空格   C. 冒号   D. 分号

20. 若在单元格中出现一连串的#####符号，则_____。

    A. 需重新输入数据   B. 需调整单元格的宽度

    C. 需删去单元格   D. 需删去这些符号

21. 当单元格太小而导致单元格内数据无法完全显示时，系统将以_____显示。

    A. #   B. *   C. .   D. ?

22. 在工作表标识符上双击，可对工作表名称进行_____操作。

    A. 计算   B. 变大小   C. 隐藏   D. 重命名

23. 绝对地址在被复制到其他单元格时，其单元格地址_____。

    A. 不变   B. 发生改变   C. 部分改变   D. 不能复制

24. 使用键盘，快速调用函数指南，应按_____快捷键。

    A. Alt+F   B. Alt+I   C. Alt+C   D. Alt+N

25. 在输入一个公式时，必须先输入_____符号。

    A. =　　　　　　B. ( )　　　　　　C. ?　　　　　　D. @

26. 行号或列号设为绝对地址时，必须在其左边附加_____字符。

    A. !　　　　　　B. #　　　　　　C. $　　　　　　D. =

27. 在 Excel 中，某公式中引用了一组单元格，它们是(C3，D7，A2，F1)，该公式引用的单元格总数为_____。

    A. 4　　　　　　B. 8　　　　　　C. 12　　　　　　D. 16

28. 当在某单元格内输入公式并确认后，单元格内容显示为#REF!，它表示_____。

    A. 公式被 0 除　　　　　　　　B. 公式引用了无效单元格

    C. 单元格太小　　　　　　　　D. 某个参数不正确

29. 假设在 B1 单元格中存储的是公式 A$5，将其复制到 D1 后，公式变为_____。

    A. A$5　　　　　　B. D$5　　　　　　C. D$1　　　　　　D. C$5

30. SUM(A1:A4)相当于_____。

    A. SUM(A1*A4)　　　　　　　　B. SUM(A1/A4)

    C. SUM(A1+A4)　　　　　　　　D. SUM(A1+A2+A3+A4)

31. SUM(8，5，7，9)值为_____。

    A. 29　　　　　　B. 25　　　　　　C. 9　　　　　　D. 3

32. 假设 A1、B1、C1、D1 分别为 2、3、7、3，则 SUM(A1:C1)/D1 为_____。

    A. 4　　　　　　B. 3　　　　　　C. 15　　　　　　D. 18

33. 如果将 Excel 工作簿设置为只读，对工作簿的更改_____在同一工作簿文件中。

    A. 仍能保存　　　　B. 不能保存　　　　C. 部分保存　　　　D. 以上都不对

34. 拖动窗口与边框角落可以改变窗口的_____。

    A. 大小　　　　　　B. 颜色　　　　　　C. 字体　　　　　　D. 粗细

35. 利用"开始"功能区中"单元格"组中的"删除"命令，可_____。

    A. 移去单元格　　　　　　　　B. 删去单元格中的数据

    C. 删除单元格中数据的公式　　D. 删除单元格的批注

36. 当输入的数字被系统辨识为正确时，会采用_____对齐方式。

    A. 靠左　　　　　　B. 靠右　　　　　　C. 居中　　　　　　D. 不动

37. 利用鼠标拖放复制数据，在拖放时应按下_____键。

    A. Ctrl　　　　　　B. Shift　　　　　　C. Alt　　　　　　D. Enter

38. 在 Excel 中，工作表标签栏上有 4 个小按钮。当有很多张工作表时，若要将最后一张工作表标签显示出来以便选定，可以单击_____按钮。

    A. ◀|　　　　　　B. |▶　　　　　　C. ◀　　　　　　D. ▶

39. 区分不同工作表的单元格，要在地址前面_____。

    A. 增加单元格地址　　　　　　B. 增加工作表名称

    C. 增加 sheet@　　　　　　　　D. 增加工作簿名称

40. 假设 A2 为文字 10，A3 为数字 3，则 COUNT(A2:A3)=_____。

    A. 3   B. 10   C. 13   D. 1

41. 在 Excel 中，如果某一单元格输入的参数或操作数的类型有错，则该单元格会显示错误信息_____。

    A. #REF!   B. #VALUE!   C. #NAME?   D. #NULL?

42. 在 Excel 工作表中，先用鼠标选中 C3 单元格；然后按住 Shift 键，选定 H8 单元格；最后在仍按住 Shift 键的情况下，选中 F6 单元格。则此时选中的是该表中以 C3 为左上角、以_____为右下角的区域。

    A. C3   B. H8   C. F6   D. A1

43. 在 Excel 的工作表中，每个单元格都有其固定的地址，如 A5 表示：_____。

    A. A 代表 A 列，5 代表第 5 行

    B. A 代表 A 行，5 代表第 5 列

    C. A5 代表单元格的数据

    D. 以上都不是

44. 关于数据透视表有如下几种说法，唯一正确的说法是_____。

    A. 数据透视表与图表类似，它会随数据列表中数据的变化而自动更新

    B. 数据透视表的实质是根据用户的需要将源数据列表重新取舍组合

    C. 数据透视表中，数据区中的字段总是以求和的方式计算

    D. 要修改数据透视表页面布局，应通过"数据"|"数据透视表"命令进行

45. 如果在工作簿中既有工作表又有图表，当选择"文件"菜单中的"保存"命令后，Excel 将_____。

    A. 只保存其中的工作表

    B. 只保存其中的图表

    C. 把工作表和图表保存到一个文件中

    D. 把工作表和图表分别保存到两个文件中

46. 设区域 A1: A8 各单元格中的数值均为 1，A9 为空白单元，A10 单元中为一字符串，则函数=AVERAGE(A1: A10)的结果与公式_____的结果将相同。

    A. =SUM(A1: A10)   B. =MAX(A1: A10)

    C. =COUNT(A1: A10)   D. =COUNTA(A1: A10)

47. 设 A1:A3 数据分别为数值 1、2、3，B1:B4 数据分别为数值 4、5、6、7，若在 A4 中输入一字符串，则以下函数_____的结果将会变化。

    A. =SUM(A1: B4)   B. =MAX(A1:B4)

    C. =MIN(A1: B4)   D. =COUNTA(A1:B4)

48. 当仅需要将当前单元格中的公式复制到另一单元格中，而不需要复制格式时，才可在复制完后再执行"开始"功能中"剪贴板"选项卡中的"_____"命令。

    A. 复制   B. 剪切   C. 粘贴   D. 选择性粘贴

49. 设 E4 为当前单元格，分别执行插入一列和插入一行后，则_____。

　　A. 引用 E4 单元格的公式发生变化，不引用 E4 的公式不变

　　B. 绝对引用 E4 单元格的公式发生变化，相对引用 E4 的公式不变

　　C. 区域 A1:D3 中的公式不变，其余单元格中的公式发生变化

　　D. 引用 A1:D3 中单元格的公式不变，其余单元格中的公式发生变化

50. 在区域 B1:J1 和区域 A2:A10 中分别输入数值 1~9，在 B2 中输入公式_____，然后将该公式复制到整个 B2:J10 区域，即可形成一个九九乘法表。

　　A. =$B1*$A2　　　B. =$B1*A$2　　　C. =B$1*$A2　　　D. =B$1*A$2

4.3.2　双项选择题

1. 下列各项中，_____不是 Excel 工作界面功能菜单中的选项。

　　A. 文件　　　　　B. 插入　　　　　C. 单元格　　　　　D. 表格

2. 若要改变行高，可_____。

　　A. 使用"开始"功能区中"单元格"组中"格式"按钮中的"行高"命令

　　B. 使用鼠标操作调整行高

　　C. 利用格式中的"行高"命令

　　D. 使用格式中的"单元格"命令

3. Excel 中的数据对齐方式主要有_____。

　　A. 水平对齐　　　B. 垂直对齐　　　C. 任意角度对齐　　D. 合并单元格

4. 下面不属于编辑电子表格的命令有_____。

　　A. 删除　　　　　B. 修改　　　　　C. 放映　　　　　D. 增加

5. Excel 单元格中可以清除的有格式、内容、_____。

　　A. 公式　　　　　B. 函数　　　　　C. 批注　　　　　D. 超链接

6. 在 Excel 2010 中，以下能够改变单元格格式的操作的说法正确的有_____。

　　A. 执行"开始"功能区中"单元格"组中"格式"按钮中的相关命令

　　B. 执行"插入"菜单中的"单元格"命令

　　C. 按鼠标右键，选择快捷菜单中的"设置单元格格式"选项

　　D. 不能用工具栏中的"格式刷"按钮

7. Excel 的工作界面包括_____。

　　A. 标题栏、菜单栏　　　　　　　　B. 工具栏、选定栏、滚动条

　　C. 工作标签和状态栏　　　　　　　D. 演示区

8. 在 Excel 中，复制单元格格式可采用_____。

　　A. 链接　　　　　　　　　　　　　B. 复制+粘贴

　　C. 复制+选择性粘贴　　　　　　　D. 复制+填充

9. 下列 Excel 公式输入的格式中，_____是正确的。

　　A. =Sum("18","25",7)　　　　　　B. =Sum(25,…,12)

　　C. =Sum(E1:E6)　　　　　　　　　D. =Sum(51;29;17)

10. 在 Excel 中提供了数据合并功能，可以将多张工作表的数据合并计算存放到另一张工作表中。支持合并计算的函数有_____。

    A. AVERAGE   B. COUNTIF   C. MAX   D. YEAR

4.3.3　判断正误题

1. 在 Excel 2010 中，数组里的单元格不能被删除。

2. 在 Excel 2010 中，链接和嵌入的主要不同就是数据存储的地方不同。

3. 当前工作表是指被选中激活的工作表。

4. 对 Excel 数据进行排序操作时，只能进行升序操作。

5. 在 Excel 工作表单元格中输入的数据，其默认的对齐方式是文字靠左对齐，数字靠右对齐。

6. Excel 工作簿是工作表的集合，一个工作簿文件的工作表的数量是没有限制的。

7. 电子表格是对二维表格进行处理并可制作成报表的应用软件。

8. Excel 中去掉某单元格的批注，可以用"单元格"组中的"删除"命令。

9. 在 Excel 中，以分数形式输入 1/3 的方法是键入 1/3。

10. 在 Excel 中，利用格式刷可以复制字符格式，对该按钮单击鼠标左键可连续复制多处。

11. 在 Excel 中，图表一旦建立，其标题的字体、字形是不可改变的。

12. Excel 是一种表格式数据综合管理与分析系统，并实现了图、文、表完美结合。

4.3.4　填空题

1. 在 Excel 函数中各参数间的分隔符号一般用_____。

2. 在 Excel 中可以将数据以图形方式显示在图表中，图表与生成它们的工作表数据连接，当修改工作表数据时，图表将_____。

3. 在 Excel 中单元格和区域可以引用，引用的作用在于_____工作表上的单元格或单元格区域、并指明公式中使用的数据位置。

4. 字形的大小一般以点数来计量，字形所有的点数越多，表示字形就越_____。

5. 输入公式时，一般先输入一个_____。

6. 当某单元格被锁定时，表示该单元格数据只能_____不能_____。

7. 采用筛选功能被筛选出来的记录所属行号会以_____色显示。

8. 函数的引用，可以是_____地址或范围地址或_____名称。

9. MAX 函数用来计算参数列表中的_____。

10. COUNT 函数用来统计参数列表中的数值_____。

11. 若要对 Excel 工作簿的某个工作表进行操作，需选定工作表，选定工作表的方法是用鼠标左键单击_____。

12. 在 Excel 的单元格中输入数据，若输入的是数字字符，输入时应在前面加上____。

13. Excel 可以利用数据列表实现数据库管理功能。在数据列表中，每一列称为一个_____，它存放的是相同类型的数据；数据列表的第一行为_____，以后表中的每一行称为一条_____，存放一组相关的数据。

14. 假设单元格 A1 到 A5 中分别存储的是 1，3，9，10，20，则 MIN(A2:A5，A4)的值为_____。

15. 在 Excel 2010 中，一个工作簿可由多个_____构成。

16. 在 Excel 中，设 A1 到 A4 单元格的数值为 82,71,53,60,A5 单元格使用公式 =If(AVERRAGE(A$1:A$4)>=60，"及格"，"不及格")，则 A5 显示的值是_____，若将 A5 单元格内容全部复制到 B5 单元格，则 B5 单元格的内容为_____。

17. 在 Excel 中输入数据时，如果输入的数据具有内在规律，则可以利用它的_____功能。

18. 在 Excel 中，若只需打印工作表的一部分数据，应先选定_____的数据区域。

19. Excel 工作表中每个单元格的网格线是辅助线，要使 Excel 的工作表在打印中显示出表格线，需要在对工作表进行页面设置时选中_____。

20. 假设 A2 单元格的内容为文字 300，A3 单元格的内容为数字 5，则 COUNT(A2:A3)的值为_____。

21. 在 Excel 中以分数形式输入 1/3(不采用公式)的方法是：输入_____。

22. 在 Excel 中，选择某一单元格，输入 "=SUM(C3:C9)"。它的含义是将_____填入该单元格。

23. 在 Excel 中，输入等差数列，可以先输入第一个、第二个数列，接着选定这两个单元格，再将鼠标指针移到_____上按一定方向进行拖动即可。

24. 在 Excel 中，假定存在一个数据库工作表，内含姓名、专业、奖学金、成绩等项，现要求对相同专业的学生按奖学金从高到低进行排列，则要进行多个关键字段的排列，并且主关键字段是_____。

25. Excel 中将排序、筛选和分类汇总这 3 项操作综合起来的一项功能操作是_____。

26. Excel 可进行非当前工作表单元格的引用，如在当前工作表选定的单元格中输入 Sheet4!B6:B8，则是引用_____。

27. 在 Excel 工作表中，可以创建统计图表，图表分两种，即_____图表和_____图表。

28. 在 Excel 工作表中，可以输入的数据类型有两种，即_____和_____。

29. 与 Excel 2007 相比，Excel 2010 在_____和_____等方面有较大改进。

30. Excel 2010 新增的功能有_____、_____和_____等。

4.3.5　简答题

1. Excel 2010 的主要功能包括哪些？

2. 在 Excel 2010 中，怎样表示工作表 Sheet2 中的 B3 单元格的地址？

3. 在 Excel 中，填充柄的作用是什么？

4. 在 Excel 中怎样使用格式刷？

5. 什么是数据列表？数据列表必须满足哪些条件？

6. 举例说明条件格式的运用？

7. 在 Excel 中，如何从 Web 页中导入数据？

8. 如何隐藏工作簿、工作表以及单元格的公式？

9. 在 Excel 操作中可能会出现错误信息，常见的错误信息有哪些？

4.4 习题参考答案

4.4.1 单项选择题答案

1. A	2. C	3. A	4. A	5. C
6. C	7. D	8. B	9. B	10. B
11. C	12. A	13. B	14. C	15. D
16. B	17. A	18. A	19. A	20. B
21. A	22. D	23. A	24. B	25. A
26. C	27. A	28. B	29. D	30. D
31. A	32. B	33. B	34. A	35. A
36. B	37. A	38. B	39. B	40. D
41. B	42. C	43. A	44. B	45. C
46. B	47. D	48. D	49. D	50. A

4.4.2 双项选择题答案

1. CD	2. AB	3. AB	4. CD	5. CD
6. AC	7. AC	8. BC	9. AC	10. AC

4.4.3 判断正误题答案

1. ×	2. √	3. √	4. ×	5. √
6. √	7. √	8. ×	9. ×	10. ×
11. ×	12. √			

4.4.4 填空题答案

1. ，(逗号)　　2. 自动更新

3. 标识　　4. 大

5. =(等于号)　　6. 查看　修改

7. 蓝　　8. 单元　范围

9. 最大值　　10. 个数

11. 工作表标签　　12. '(单引号)

13. 字段　字段名　记录　　14. 3

15. 工作表

16. 及格　IF(AVERAGE(B$1:B$4)>=60　"及格"　"不及格")

17. 自动填充　　18. 打印部分

19. 网格线　　20. 1

21. =1/3　　22. C3 至 C9 单元格中数字之和

23. 填充柄　　24. 专业

25. 数据透视表　　26. Sheet4 工作表中 B6 单元格

27. 嵌入式　独立式
28. 常量　公式
29. 界面　功能
30. 迷你图　切片器　数学公式

4.4.5　简答题答案

(答案省略，请参考教材内容。)

4.5　上机实验练习

4.5.1　实验一　Excel 2010 的基本操作

一、实验目的

1. 熟悉 Excel 2010 的工作界面。
2. 掌握 Excel 2010 文档的创建、保存和打开操作。
3. 熟练进行 Excel 2010 工作表数据的输入、编辑及表格区域的选定操作。
4. 掌握 Excel 2010 工作表的查找与替换。
5. 掌握工作簿和工作表的管理。

二、实验内容

1. 启动 Excel 2010，进入 Excel 程序的默认工作环境。熟悉构成工作界面的标题栏、功能选项卡、快速访问工具栏、状态栏、功能区、"文件"按钮、编辑栏、滚动条、工作表标签、活动单元格、行号、列号、工作表编辑区、视图方式、缩放比例等。Excel 2010 的工作界面如图 4-1 所示。

操作步骤：单击"开始"按钮，在"开始"菜单中选择"程序"命令，执行 Microsoft Office Excel 2010 命令。

图 4-1　Excel 2010 的工作界面

2. 在工作表 Sheet1 中输入如图 4-2 所示的数据。在工作表 Sheet2 中输入如图 4-3 所示的数据。

操作步骤：在工作表 Sheet1 和工作表 Sheet2 中，分别输入图 4-2 和图 4-3 所示的数据(注：编号采用序列填充，银行账号是"数字字符"，把工作表 Sheet1 中的姓名复制到工作表 Sheet2 中)。

编号	姓名	职称	工作时间	银行帐号	基本工资	奖金	补贴
1	金成安	工程师	1992/8/2	2004235	3150	230	100
2	王晶晶	工程师	1993/7/3	2006109	2850	230	100
3	刘希表	高工	1987/8/9	2004121	4000	450	200
4	李若山	临时工	2002/5/6	2006182	2000	200	0
5	陈立新	高工	1985/7/7	2004199	5000	450	300
6	赵永远	工程师	1990/6/30	2006112	3150	250	150
7	林芳萍	高工	1986/7/23	2004195	4500	450	200
8	吴道临	工程师	1992/7/21	2005023	3150	250	100
9	杨高盛	临时工	2003/3/12	2006045	2300	200	0
10	郑文杰	高工	1983/7/18	2004193	5000	450	200
11	徐收获	临时工	2003/6/19	2006083	2400	200	0
12	何建华	技术员	2003/3/12	2005453	2550	230	80
13	宋俊平	工程师	1991/11/4	2006459	3300	250	100
14	韩明静	高工	1980/6/27	2004160	5000	450	300
15	张明明	高工	1987/11/29	2004191	4500	450	300
16	郭丽丽	工程师	1991/7/15	2006003	3150	230	150
17	伍丰富	高工	1979/6/28	2004236	5000	450	200
18	方小雨	技术员	2003/7/9	2006066	2550	230	80
19	戴冰	工程师	1995/8/18	2001103	3150	240	150
20	夏勇	临时工	2004/5/5	2006466	2300	200	0

图 4-2　Sheet1 数据

编号	姓名	出生年月	学历
1	金成安	1969/8/2	本科
2	王晶晶	1968/7/3	研究生
3	刘希表	1965/8/9	本科
4	李若山	1978/5/6	高中
5	陈立新	1962/7/7	本科
6	赵永远	1970/6/30	本科
7	林芳萍	1966/7/23	研究生
8	吴道临	1970/7/21	本科
9	杨高盛	1983/3/12	高中
10	郑文杰	1963/7/18	本科
11	徐收获	1980/6/19	高中
12	何建华	1981/3/12	专科
13	宋俊平	1970/11/4	专科
14	韩明静	1959/6/27	专科
15	张明明	1966/11/29	本科
16	郭丽丽	1969/7/15	专科
17	伍丰富	1958/6/28	研究生
18	方小雨	1980/7/9	专科
19	戴冰	1975/8/18	本科
20	夏勇	1984/5/5	高中

图 4-3　Sheet2 数据

3. 选定区域：选定任意一个单元格、一行或多行、一列或多列、连续或不连续区域及全选。

操作步骤：单击单元格，即选中此单元格。单击行号或列号，选中一行或一列。按下 Shift 键的同时拖动鼠标左键，选中一块连续区域。按下 Ctrl 键，选中不连续区域。单击"全选框"，即全部选中。

4. 在工作表 Sheet1 中，将姓名为"戴冰"记录中的"工程师"改为"高工"。在"宋俊平"记录下插入图 4-4 所示的一行记录，并将"林芳萍"这条记录删除。

编号	姓名	职称	工作时间	银行账号	基本工资	奖金	补贴
14	周晓	工程师	1992/11/23	2005868	4000	250	150

图 4-4　记录

操作步骤：双击 C20 单元格，将"工程师"改为"高工"。选中"韩明静"记录，执行"开始"功能区中"插入"按钮组中的"插入工作表行"命令，输入插入记录的内容。选中第 8 行，右击，执行快捷菜单中的"删除"命令。

5. 将工作表 Sheet2 中的编号为 10 的记录移至最后。将编号为 17 的记录复制为第一个记录。

操作步骤：在工作表 Sheet2 选中第 11 行，单击"开始"功能区中"剪贴板"组中的"剪切"按钮，选中 A22，单击"粘贴"按钮。选中 A2 所在行，右击，选择快捷菜单中的"插入"命令，插入一空行；选中第 18 行，单击"开始"功能区中"剪贴板"组中的"复制"按钮，单击 A2，单击"粘贴"按钮。

6. 在 Sheet1 中，在每条记录的最后增加一项"午餐费"，各记录中数值为 60。

操作步骤：选中工作表 Sheet1，在 I1 单元格中输入"午餐费"，在 I2 单元格中输入 60，鼠标指向 I2 单元格右下角成"+"字形后向下拖放直至 I21 单元格。

7. 保存文档：D:\temp\职工档案 1.xls。

操作步骤：单击"文件"菜单，执行"另存为"命令，在 D 盘新建文件夹 temp，在文件名处输入"职工档案 1"，单击"保存"按钮。

8. 将工作表 Sheet1 中的"临时工"改为"合同工"。

操作步骤：选中区域 C2:C21，单击"开始"功能区中"编辑"组中的"查找和选择"按钮中的"替换"命令，在查找内容栏中输入"临时工"，在替换值栏中输入"合同工"，单击"全部替换"按钮。

9. 将工作表 Sheet1 改名为"工资表"。将工作表 Sheet2 改名为"情况表"。将"工资表"移到"情况表"之后。删除空白工作表 Sheet3。文档另存为 D:\temp\职工档案 2.xlsx。

操作步骤：双击 Sheet1 标签，输入"工资表"。双击 Sheet2 标签，输入"情况表"。选中"工资表"，按下鼠标左键拖动至"情况表"后。选中工作表 Sheet3，在工作表标签名上右击，选择快捷菜单中的"删除"命令。执行"文件"菜单的"另存为"命令，在保存位置处打开 D:/temp 文件夹，在文件名处输入"职工档案 2"，单击"保存"按钮。

4.5.2　实验二　Excel 2010 工作表格式的设置

一、实验目的

1. 能熟练进行 Excel 2010 工作表中字体、字形、字号和颜色的设置、条件格式的设置、边框和图案的设置、行高、列宽及单元格批注的设置。

2. 掌握对工作表和工作簿的保护操作。

二、实验内容

1. 打开"职工档案 2.xlsx"，选定"情况表"，在第一行插入标题：职工情况一览表。标题设置为黑体，24 号字，A1 至 D1 合并及居中。"姓名"一列设置为隶书、16 号字，居中。

操作步骤：打开"职工档案 2.xlsx"工作簿。选中"情况表"，选中第 1 行，右击，选择快捷菜单中的"插入"命令，在 A1 中输入"职工情况一览表"，选中区域 A1:D1，右击，选择快捷菜单中的"设置单元格格式"命令，单击"字体"选项卡，设置"字体"为"黑体"，字号为 24，单击"对齐"选项卡，选中"合并单元格"复选框，再设置水平对齐和垂直对齐方式为居中。选中区域 B2:B23，用同样的方法设置字体、字号和居中。

2. 将"情况表"设置自动套用格式为"表样式浅色 1"格式。

操作步骤：选取需格式化的区域，切换到功能区中的"开始"选项卡，在"样式"组中单击"套用表格格式"按钮，选择"表样式浅色 1"。

3. 在"工资表"中，设置日期为"yyyy 年 mm 月"格式。将所有的数值格式设置为货币型、千分位并保留两位小数。

操作步骤：在"工资表"中选中 D2 至 D21，右击，选择快捷菜单中的"设置单元格格式"命令，单击"数字"选项卡，在分类中选择"日期"，类型中选择"yyyy 年 mm 月"格式，单击"确定"按钮。选中 F2:I21，单击"数字"组中的货币样式、千位分隔样式及增加小数位数的按钮。

4. 用"格式刷"将"工资表"中的"姓名"格式设置为与"情况表"中的"姓名"格式相同。

操作步骤：在"情况表"中选中 B2，双击"剪贴板"组中的"格式刷"按钮，选中"工资表"，拖动鼠标从 B2 至 B21。

5. "工资表"中的数值全部水平垂直居中。利用"条件格式"，将基本工资小于 3000 元的数据，用粗体及双下线显示。

操作步骤：在"工资表"中选中 F2:I21，右击，选择快捷菜单中的"设置单元格格式"命令，单击"对齐"选项卡，设置水平和垂直对齐皆为居中。选中数据区域 F2:F21，单击"样式"组中"条件格式"按钮组中的"突出显示单元格规则"，再选择"小于"，输入 3000，单击"设置为"下拉框中的"自定义格式"，在"字体"选项卡中选择"粗体、双下画线"，单击"确定"按钮。

6. 将"工资表"中职称是"高工"的记录上加上绿色底纹。

操作步骤：按下 Ctrl 键，逐行选中含有"高工"的记录，右击，选择快捷菜单中的"设置单元格格式"命令，单击"填充"选项卡，选中颜色为"绿色"，单击"确定"按钮。

7. 将"工资表"中的标题行高设置为 30，"姓名"列宽设置为 10。

操作步骤：选中第 1 行，单击"单元格"组中的"格式"按钮组中的"行高"，输入行高为 30，单击"确定"按钮。选中"姓名"列区域，单击"单元格"组中的"格式"按钮组中的"列宽"，将列宽设置为 10，单击"确定"按钮。

8. 设置保护"工资表"。

操作步骤：右击，选择快捷菜单中的"设置单元格格式"命令，单击"保护"选项卡，选中"锁定"，单击"确定"按钮；在"审阅"选项卡上的"更改"组中，单击"保护工作表"按钮，输入密码，单击"确定"按钮。

9. 取消"工资表"的保护。

操作步骤：在"审阅"选项卡上的"更改"组中，单击"撤销保护工作表"，输入密码，单击"确定"按钮。

4.5.3　实验三　Excel 2010 公式及常用函数的使用

一、实验目的

1. 理解公式的构成。
2. 掌握 Excel 2010 公式的使用。
3. 了解 Excel 2010 常用函数(SUM、AVERAGE、COUNT、MAX、MIN、IF、COUNTIF、YEAR)参数及返回值的类型及含义。
4. 掌握 Excel 2010 常用函数的使用。

二、实验内容

1. 选定"工资表"，将每个职工的基本工资都增加 10%。

操作步骤：单击单元格 J2，输入公式(=F2*1.1)，确定之后拖动 J2 单元格填充柄向下拖放至单元格 J21。选中区域 J2:J21，单击"剪贴板"选项卡中的"复制"按钮，单击单元格 F2，单击"剪贴板"选项卡中的"粘贴"按钮组中的"选择性粘贴"命令，粘贴项选中为"数值"，单击"确定"按钮。

2. 统计每个职工的工资总额(工资总额=基本工资+奖金+补贴+午餐费)。

操作步骤：单击单元格 J2，输入公式(=F2+G2+H2+I2)，确定之后拖动 J2 单元格填充柄向下拖放至单元格 J21。

3. 统计每个职工的加权工资(加权工资=基本工资*1.1+奖金*0.9+补贴*1.2)。

操作步骤：单击单元格 K2，输入公式(=F2*1.1+G2*0.9+H2*1.2)，确定之后拖动 K2 单元格填充柄向下拖放至单元格 K21。

4. 统计每个职工实际收入的金额(实际收入=工资总额-基本工资的 10%)。

操作步骤：单击单元格 L2，输入公式(=J2-F2*0.1)，确定之后拖动 L2 单元格填充柄向下拖放至单元格 L21。

5. 使用函数统计全部职工的基本工资、奖金和补贴的合计及平均数。

操作步骤：选中单元格 F22，输入公式=SUM(F2:F21)，确定之后拖动 F22 单元格填充柄向右拖放至单元格 H22。选中单元格 F23，单击编辑栏的"插入函数"按钮，选择函数名 AVERAGE，单击"确定"按钮，选定数据区域 F2:F21，确定之后拖动 F23 单元格填充柄向右拖放至单元格 H23。

6. 统计出如图 4-5 所示的数据。

图 4-5 统计数据

操作步骤：单击单元格 C26，输入公式=SUM(F4，F6，F10，F15，F16，F18，F20)，单击"确定"按钮。用同样方法求出其他的数值。

7. 求出职工工资总额中的最大值和最小值。

操作步骤：单击任一空单元格，单击编辑栏的"插入函数"按钮，选择函数名 MAX，单击"确定"按钮，选定数据区域 J2:J21，确定。用同样方法求出最小值 MIN。

8. 统计职工中工资总额大于 1200 元的人数。

操作步骤：单击任一空单元格，单击编辑栏的"插入函数"按钮，选择函数名 COUNTIF，在 Range 栏中输入 J2:J21，在 Criteria 栏中输入>1200，单击"确定"按钮。

9. 设置奖金的 90%大于等于 450 元的为"优秀"，其余为"合格"。

操作步骤：单击单元格 M2，单击编辑栏的"插入函数"按钮，选择函数名 IF，确定后在 Logical_test 栏中输入 G2*0.9>=450，在 Value if true 栏中输入"优秀"，在 Value if false 栏中输入"合格"，确定后拖动 M2 单元格填充柄向下拖放至单元格 M21。

10. 利用函数 YEAR 计算每个职工的工龄。

操作步骤：单击单元格 N2，输入公式 TEXT(YEAR(Nowc)-D2)-1900，"# #"，确定后拖动 N2 单元格填充柄向下拖放至单元格 N21。选中区域 N2:N21，右击，选择快捷菜单中的"设置单元格格式"命令，单击"数字"选项卡，选中"常规"，单击"确定"按钮。

4.5.4　实验四　Excel 2010 图表的使用及窗口的管理

一、实验目的

1. 掌握 Excel 2010 工作表中数据图表的建立操作。
2. 掌握 Excel 2010 的数据图表的编辑操作。
3. 能够进行 Excel 2010 窗口的拆分、重排、冻结操作。

二、实验内容

1. 根据图 4-5 中的数据生成一个基本工资总额和工资总额的柱形图表，最大刻度为 9000，主要刻度单位为 600。

操作步骤：选定表中区域 B25:F27，切换到"插入"功能区，单击"图表"选项卡"柱形图"按钮组中的第一种图表(簇状柱形图)建立图表，右击柱形图表中的"数值轴"，单击"设置坐标轴格式"，在"坐标轴选项"中设置最大值为 9000，主要刻度为 600，单击"确定"按钮。

2. 编辑柱形图表：调整图表的位置和大小，添加图表的数据标志、添加背景、美化图表等。

操作步骤：分别选中"图表区"和"绘图区"，拖动鼠标调整图表的位置和大小。右击选中"设置绘图区格式"，进行图表的美化。右击柱形图，选中"添加数据标签"。

3. 根据图 4-5 产生的数据生成一个工资总额的饼图。

操作步骤：选定表中区域 B26:F26 和 B27:F27，切换到"插入"功能区，单击 "图表"选项卡"饼图"按钮组中的第一种饼图建立图表。

4. 进行拆分窗口、冻结窗口的操作，并观察效果。

操作步骤：单击 C2，执行"窗口"菜单中的"拆分"命令和"冻结"命令。

5. 取消窗口的冻结，观察效果。

操作步骤：切换到功能区中的"视图"选项卡，单击"窗口"选项中的"拆分"或"冻结窗格"命令。

4.5.5　实验五　Excel 2010 的数据管理操作及打印

一、实验目的

1. 能进行 Excel 2010 数据表的建立。
2. 掌握 Excel 2010 工作表中记录的排序、筛选及分类汇总的操作。
3. 能够进行工作表的页面设置和打印设置。

二、实验内容

1. 在工作表 Sheet1 中，创建一个如图 4-6 所示的数据列表。

图 4-6　数据列表

操作步骤：选定工作表 Sheet1，在第一行中输入字段名"姓名""性别""语文""数学"和"英语"，再根据图 4-6 中的数据，逐个输入记录。

2. 统计出每个学生的总分，且总分按降序排列。

操作步骤：单击单元格 F2，输入公式"=SUM(C2:E2)"，确定后拖动 F2 单元格填充柄向下拖放至单元格 F21。单击单元格 F1，切换到"数据"功能区，单击"排序和筛选"组中的"降序"按钮。

3. 将性别作为第一关键字(升序)，总分作为第二关键字(降序)排列。

操作步骤：切换到"数据"功能区，单击"排序和筛选"组中的"排序"命令，在排序窗口中选定主要关键字为"性别"、升序，次要关键字为"总分"、降序，选中"有标题行"，单击"确定"按钮。

4. 将筛选出的所有女同学的"英语"成绩加上 5 分。

操作步骤：切换到"数据"功能区，单击"排序和筛选"组中的"筛选"按钮，单击"性别"处小三角并在其下拉式菜单中单击"女"，再给筛选出的每位女同学"英语"成绩上加 5 分。

5. 插入一张工作表 Sheet4，建立一个 3 门课程(语文、数学、英语)都在 70 分以上(包括 70 分)的学生数据列表。

操作步骤：右击工作表标签，执行"插入"命令，在对话框中选中"工作表"，单击"确定"按钮，工作表名为 Sheet4。选中工作表 Sheet1，切换到"数据"功能区，单击"排序和筛选"组中的"筛选"按钮，单击"语文"处的小三角并在其下拉式菜单中单击"文本筛选"内的"自定义筛选"，在自定义窗口中指定条件为"大于或等于 70"，单击"确定"按钮。对于数学、英语用同样的方法进行操作。选定筛选出的数据区域，单击"剪贴板"选项卡中的"复制"按钮，在 Sheet4 选中单元格 A1，单击"剪贴板"选项卡中的 "粘贴"按钮。

6. 在工作表 Sheet4 的数据列表中，筛选出所有的男同学记录并删除。

操作步骤：选中 Sheet4，切换到"数据"功能区，单击"排序和筛选"组中的"筛选"按钮，单击"性别"处的小三角并在其下拉式菜单中单击"男"，选定筛选出的数据区域(不含标题)，右击，选择快捷菜单中的"删除"命令。切换到"数据"功能区，单击"排序和筛选"组中的"筛选"按钮。

7. 在工作表 Sheet1 中，从 I 列开始，创建一个包含不及格成绩学生的数据列表，标题在第 1 行。

操作步骤：选定区域 C1:E1，单击"剪贴板"选项卡中的"复制"按钮，选中单元格 C23，单击"剪贴板"选项卡中的"粘贴"按钮，在单元格 C24 中，输入"<60"，在单元格 D25 中，输入"<60"，在单元格 E26 中，输入"<60"。切换到"数据"功能区，单击"排序和筛选"组中的"高级"按钮，在"高级筛选"窗口中，选中"将筛选结果复制到其他位置"，在数据区域栏中输入"Sheet1!$A$1:$F$21"，在条件区域栏中输入"Sheet1!$C$23:$E$26"，在复制到栏中输入"Sheet1!$I$1:$N$11"，单击"确定"按钮。

8. 将性别进行升序排列，并按性别对数学、语文、英语进行分类求均值，并观察分级显示的信息。

操作步骤：选中单元格 B1，切换到"数据"功能区，单击"排序和筛选"组中的"升序"按钮。切换到"数据"功能区，单击"分级显示"组中的"分类汇总"命令，选中分类字段为"性别"，汇总方式为"平均值"，汇总项为"数学、语文、英语"，选中"结果显示在数据下方"，单击"确定"按钮。单击行号左边的按钮，观察分级显示的效果。

第 5 章

PowerPoint 2010 演示文稿软件

5.1 基本知识点

1. 基本概念

PowerPoint 是一个以幻灯片形式展现文稿内容的应用软件。PowerPoint 处理的对象称为演示文稿，是一个扩展名为 ppt 或 pptx 的文件，其中包括一套幻灯片及其相关信息。在制作幻灯片时要考虑放映效果。

PowerPoint 启动与退出的操作方法，以及打开、保存、关闭、打印文稿的操作方法，与 Word 和 Excel 等相同。

2. 创建演示文稿

(1) 模板与版式

模板是含有背景图案、配色方案、文字格式和提示文字等的若干张幻灯片，每张幻灯片使用一种版式。版式中包含许多占位符，用于填入标题、文字、图片、图表和表格等各种对象。

(2) 新建演示文稿

方法有很多，例如使用内容提示向导、设计模板和空演示文稿等。

(3) 模板的其他应用

对于已经建立的演示文稿，可以改用新的模板，也可以对其中的个别幻灯片设计背景与色彩，还可以自定义新的模板供以后使用。

3. 浏览和编辑演示文稿

(1) 浏览演示文稿

PowerPoint 2010 提供了多种视图方式，如普通视图、幻灯片浏览视图、备注页视图、幻灯片放映视图等几种视图方式。可根据需要，以不同方式显示演示文稿的内容。

① 普通视图：是默认的视图方式，也是使用最多的视图方式。它有两种模式，即大纲模式和幻灯片模式。幻灯片模式主要用于显示、制作和修饰幻灯片。该模式对于已有的对象(或

对象占位符)，可以在选择对象后输入、修改内容以及设定修饰格式；对于原先没有的对象，可以插入新对象后进行输入、编辑。大纲模式不仅显示文稿中所有标题和正文，同时还显示一个缩小的幻灯片和备注文字。可利用"大纲"工具栏来编辑、调整幻灯片标题和正文的布局及内容。

② 幻灯片浏览视图：可以在屏幕上同时看到演示文稿中的所有幻灯片。这些幻灯片是以缩略图显示的，所以很容易在幻灯片之间添加、删除、复制、移动幻灯片以及选择动画切换方式。

③ 备注页视图：将在幻灯片下方显示幻灯片的注释页，可在该处为幻灯片创建用户的注释，可以为任何一张幻灯片添加注释。

④ 幻灯片放映视图：此种视图方式下，整个屏幕显示一张幻灯片，可以看到动画效果，听到声音。

(2) 编辑幻灯片

编辑幻灯片是指对幻灯片进行删除、复制和移动等操作，一般在"幻灯片浏览视图"中进行。编辑时，需要先选定幻灯片，方法是单击幻灯片。

若要选择多张幻灯片，则可以按住 Shift 键，再单击需要的幻灯片。

4. 放映属性的设置与放映

(1) 放映属性概述

各种放映效果，如动画效果、切换效果和音响效果等，由多方面的放映属性决定。这些属性是在编辑过程中设定的，并成为演示文稿的内容。

(2) 一张幻灯片内部放映属性的设置

① 在幻灯片中设置"动作按钮"：单击"插入"|"插图"|"形状"，在弹出的菜单中选择合适的"动作按钮"命令来设置。放映是运用它引发某个动作。

② 在幻灯片中设置"超链接"：选择代表超链接起点的文本或其他对象，插入超链接，输入或选择文件名或网页。放映时运用超链接能跳转显示其他文件和网页等。

③ 幻灯片中的动画：选择菜单"动画"|"高级动画"|"添加动画"命令进行设置。放映时使幻灯片中各个对象按一定顺序且以不同方式显示，形成有演变过程的一种效果。

(3) 多张幻灯片连续放映属性的设置

① 切换效果：指新的幻灯片在替换前一张幻灯片时，以何种方式出现在屏幕上。设置方法为选择需要设置切换效果的幻灯片，选择菜单"切换"|"切换方案"命令进行设置。

② 对同一演示文稿设置多种不同的关于幻灯片范围及顺序的放映方案，以满足不同的需要。

(4) 设置放映方式

选择菜单"幻灯片放映"|"设置幻灯片放映"命令，在对话框中选择一种放映类型。有 3 种放映类型，分别是演讲者放映、观众自行浏览和在展台浏览，它们有各自的特点和使用场合。

(5) 执行放映

PowerPoint 提供了多种启动放映的方法，可以从第一张幻灯片开始放映，也可以按某种自定义方案放映，还可以不进入 PowerPoint，直接激活放映。按"演讲者放映"方式放映时，用户可以使用多种手段控制放映过程。

5. 演示文稿的打印与打包

使用"文件"|"打印"命令打印演示文稿时，可以选择打印内容是幻灯片、讲义或是备注页，还可以打印至文件。

选择菜单"文件"|"保存并发送"|"将演示文稿打包成 CD"命令，可将演示文稿及其相关文件压缩成为打包文件，这样不但便于传递演示文稿，还可以保证能在其他的、甚至未安装 PowerPoint 的计算机上正常放映。

5.2 重点与难点

1. 重点

本章的重点包括 PowerPoint 的基本概念；如何创建一个空演示文稿；如何在打开的演示文稿中制作幻灯片；放映属性的设置与放映；演示文稿的打印与打包。

2. 难点

本章的难点在于如何制作幻灯片；放映属性的设置与放映；演示文稿的打包。

5.3 习   题

5.3.1 单项选择题

1. PowerPoint 2010 提供了多种视图方式，其中默认的视图方式是_____。
   A. 幻灯片浏览视图
   B. 备注页视图
   C. 普通视图
   D. 幻灯片放映视图

2. 在 PowerPoint 中，对先前所执行的有限次编辑操作，以下说法正确的是_____。
   A. 不能对已执行的操作进行撤销
   B. 能对已执行的操作进行撤销，但不能恢复撤销后的操作
   C. 能对已执行的操作进行撤销，也能恢复撤销后的操作
   D. 不能对已执行的操作进行撤销，也不能恢复撤销后的操作

3. 在 PowerPoint 中，若要对文本或段落进行缩进设置，应选择的命令是_____。
   A. "格式"菜单中的"行距"命令
   B. "开始"|"段落"|"提高列表级别"命令
   C. "工具"菜单中的"版式"命令
   D. "工具栏"菜单中的"样式检查"命令

4. PowerPoint 提供的已安排好的配色方案有_____。

　　A. 5 种　　　　　　　B. 6 种　　　　　　　C. 7 种　　　　　　　D. 8 种

5. PowerPoint 中用于显示文件名的栏是_____。

　　A. 常用工具栏　　　　B. 菜单栏　　　　　C. 标题栏　　　　　D. 状态栏

6. 若要修改幻灯片中文本框内的内容，应该_____。

　　A. 首先删除文本框，然后重新输入文字

　　B. 选择该文本框中所要修改的内容，然后输入正确的文字

　　C. 重新选择带有文本框的版式，然后再向文本框内输入文字

　　D. 用新插入的文本框覆盖原文本框

7. 如果要从第 2 张幻灯片跳转到第 8 张幻灯片，应使用"_____"命令。

　　A. 动作设置　　　　B. 预设动画　　　　C. 幻灯片切换　　　D. 自定义动画

8. 在演示文稿中新增一幻灯片，最快捷的方式是_____。

　　A. 选择"插入"菜单中的"新幻灯片"命令

　　B. 单击"开始"选项卡中的"新建幻灯片"按钮

　　C. 使用快捷菜单

　　D. 选择"编辑"菜单中的"新幻灯片"命令

9. 在_____视图下，不能显示在幻灯片中插入的图片对象。

　　A. 普通视图大纲模式　　　　　　　　B. 普通视图幻灯片浏览

　　C. 幻灯片　　　　　　　　　　　　　D. 幻灯片放映

10. PowerPoint 中的_____只有一张幻灯片。

　　A. 设计模板　　　B. 制作模板　　　C. 内容模板　　　D. 大纲模板

11. 如果要将幻灯片的方向改变为纵向，可通过_____命令来实现。

　　A. "设置"|"页面设置"|"幻灯片方向"

　　B. "文件"|"打印"

　　C. "格式"|"应用设计模板"

　　D. "格式"|"幻灯片版式"

12. 可以看到幻灯片右下角隐藏标记的视图是_____。

　　A. 幻灯片视图　　　　　　　　B. 幻灯片浏览视图

　　C. 大纲视图　　　　　　　　　D. 备注页视图

13. 有关幻灯片页面版式的描述，不正确的是_____。

　　A. 幻灯片应用模板选定后就不可以改变

　　B. 幻灯片的大小(尺寸)能够调整

　　C. 一篇演示文稿中只允许使用一种母版格式

　　D. 一篇演示文稿中不同幻灯片的配色方案可以不同

14. ＿＿＿＿＿不是幻灯片的母版格式。

    A. 黑白母版   B. 备注母版   C. 标题母版   D. 讲义母版

15. 在 PowerPoint 中，设置幻灯片中各个组成元素的动画效果可以采用＿＿＿＿＿选项卡中的"添加动画"命令。

    A. "格式"   B. "动画"   C. "工具"   D. "视图"

16. 按＿＿＿＿＿键可以停止幻灯片播放。

    A. 回车   B. Esc   C. Shift   D. Ctrl

17. 在 PowerPoint 中，模板文件的扩展名为＿＿＿＿＿。

    A. potX   B. pptX   C. docX   D. exe

18. 如果文本从其他应用程序插入后，由于颜色对比的原因难以阅读，最好＿＿＿＿＿。

    A. 改变文本的颜色   B. 增大字体的大小

    C. 改变幻灯片模板   D. 改变字体颜色

19. 页眉可以＿＿＿＿＿。

    A. 将图片放在每张幻灯片的顶端

    B. 将文本放在每张幻灯片的顶端

    C. 将文本放在每张幻灯片和注释页的顶端

    D. 用做标题

20. 有关幻灯片的注释，说法不正确的是＿＿＿＿＿。

    A. 注释信息只出现在备注页视图中

    B. 注释信息可在备注页视图中进行编辑

    C. 注释信息不能随同幻灯片一起播放

    D. 注释信息可出现在幻灯片浏览视图中

5.3.2 判断正误题

1. 使用内容提示向导或设计模板创建的演示文稿都预先给出了幻灯片的背景和幻灯片的具体建议内容。

2. 修改演示文稿后，可以使用"文件"菜单中的"保存"或"另存为"命令，这两个命令的区别是：若选择"保存"，可以用其他文件名保存，或保存到其他位置；而"另存为"却只能用原文件名保存，不能保存到其他位置。

3. PowerPoint 2010 每次只能打开一个演示文稿文件，不能同时打开多个演示文稿文件。

4. 单击"幻灯片放映"菜单下的"观看放映"命令，同单击 PowerPoint 窗口左下角的"幻灯片放映"按钮作用一样，都是从当前幻灯片开始，放映正在编辑的演示文稿。

5. PowerPoint 2010 在放映的中途，可随时右击，使用快捷菜单切换到某张幻灯片、结束放映或进行其他操作。

6. 在大纲视图中，可以使用"大纲"工具栏中的按钮来改变演示文稿的结构，每单击"提级"按钮一次，当前标题的级别就提高一级。若将大标题提高一级，原属于它的所有小标题的级别均不变。

7. 在幻灯片浏览视图中，若单击工具栏中"显示比例"右侧的向下箭头，改变"显示比例"的值，那么幻灯片浏览视图中每行出现的幻灯片数量会改变。

8. 若要使某个工具栏中的工具按钮出现或消失，可选择"视图"菜单下的"工具栏"命令，单击"工具栏"子菜单中的相应工具栏名称。

9. 若要将一个 bmp 文件中的图像插入当前幻灯片上，可以选择"插入"菜单中的"图片"命令，在"图片"的子菜单中选择"来自文件"命令。

10. 幻灯片切换也称为换页。可以为当前选择的某一张幻灯片或者当前选择的某一组幻灯片设置换页的方式、效果，但是不能为换页时设置声音。

11. 在 PowerPoint 中，有关幻灯片母版中的页眉/页脚是添加在演示文稿中的注释性内容。

12. 对于打上隐藏标记的幻灯片，可以在任何视图方式下编辑。

13. 在 PowerPoint 中，当前正在新建一个演示文稿，名称为"演示文稿 2"，当执行"文件"菜单下的"保存"命令后，会直接保存"演示文稿 2"并退出 Powerpoint。

14. 在 PowerPoint 中，当处于幻灯片浏览视图状态时，不能将某一张幻灯片上的文本内容移到另一张幻灯片上。

15. 在 PowerPoint 中，设置文本的字体时，字号决定每种字体的尺寸。

5.3.3　填空题

1. PowerPoint 提供了两类模板，即_____模板和_____模板。

2. 利用 PowerPoint 创建新的演示文稿，在进入 PowerPoint 2010 的初始画面后，可利用_____、_____、_____ 3 种方法创建新的演示文稿。

3. 演示文稿的输出类型有打印机输出、_____、投影机、35mm 幻灯机这 4 类。

4. 在 PowerPoint 2010 的启动对话框中，用户有 4 种选择，按顺序分别是内容提示向导、_____、空演示文稿和_____。

5. 若使用内容提示向导，可以选择一种跟自己所需最接近的演示文稿类型，该演示文稿不但预先定义了幻灯片的外观、配色方案、标题格式和文本格式等，还给出了幻灯片的具体_____。而_____只预先定义了幻灯片的外观、配色方案、标题格式和文本格式等，没有给出幻灯片的具体建议内容。

6. 当前幻灯片的内容编辑完毕后，可通过单击常用工具栏中的"_____"按钮(或选择"插入"菜单中的"_____"命令)，增加一张新幻灯片，并编辑新幻灯片的内容。

7. 空演示文稿提供的幻灯片没有预先设计_____图案色彩。

8. 默认情况下，PowerPoint 能记录最近使用的_____个演示文稿文件，这几个文件能在"_____"菜单的下拉子菜单中看到，单击其中的某一个即可打开它。

9. PowerPoint 默认的放映方式是"_____"，换片方式是_____。在默认的放映方式下，可自行控制每张幻灯片的放映时间，通过按键或单击鼠标来放映后继内容。

10. 在打印幻灯片时，可以选择打印内容，打印内容分为：_____(每页打印一张)、讲义(每页多张幻灯片)、_____、备注页。

11. 在 PowerPoint 中，有关幻灯片母版中的典型的页眉/页脚内容是_____、时间及幻灯片编号。

12. 在 PowerPoint 中，不能对个别幻灯片内容进行编辑修改的视图是_____。

13. 在 PowerPoint 中，以文档方式存储在磁盘上的文件称为_____。

14. 可以编辑幻灯片中文本、图像、声音等对象的视图方式是_____。

15. PowerPoint 提供了一项称为_____的功能。它提供了一些模板，如列表、流程图、组织结构图和关系图，以简化创建复杂形状的过程。

5.3.4 简答题

1. 如何在某一张幻灯片上插入自选图形？

2. 如何将 Word 文档转变成演示文稿？

3. 如何删除、复制幻灯片？如何重新排列幻灯片顺序？

4. 如何为某一张幻灯片上的对象设置动画和声音？

5. 如何在某一张幻灯片上插入电影剪辑？

6. 如何链接到某个电子邮件地址？

7. 如何使用动作按钮跳转到本演示文稿的任何一张幻灯片上？

8. PowerPoint 的母版类型有几种？写出它们的名称。

9. 简述 PowerPoint 2010 几种视图方式的特点。

10. PowerPoint 2010 在网络方面的主要功能有哪些？

5.4 习题参考答案

5.4.1 单项选择题答案

1. C　　2. C　　3. B　　4. C　　5. C　　6. B　　7. A　　8. B　　9. A　　10. A

11. A　12. B　13. A　14. A　15. B　16. B　17. A　18. C　19. B　　20. D

5.4.2 判断正误题答案

1. ×　　　　2. ×　　　　3. ×　　　　4. ×　　　　5. √

6. ×　　　　7. √　　　　8. √　　　　9. √　　　　10. ×

11. √　　　12. ×　　　13. ×　　　14. √　　　15. √

5.4.3 填空题答案

1. 设计　内容

2. 内容指示向导　模板　空白演示文稿

3. 屏幕输出

4. 设计模板　打开已有的演示文稿

5. 建议内容　设计模板

6. 新幻灯片　新幻灯片

7. 背景　　　　　　　　　　　　8. 4　文件

9. 演讲者放映　人工　　　　　　10. 幻灯片　大纲视图

11. 日期　　　　　　　　　　　　12. 幻灯片浏览

13. 演示文稿　　　　　　　　　　14. 普通　视图

15. SmartArt

5.4.4　简答题答案

(答案省略，请参见教材内容。)

5.5　上机实验练习

5.5.1　实验一　演示文稿的创建

一、实验目的

1. 掌握 PowerPoint 的启动。

2. 熟悉 PowerPoint 的环境和各选项卡中的命令。

3. 掌握演示文稿创建的基本过程。

4. 掌握幻灯片的基本编辑方法。

二、实验内容

1. 创建演示文稿

(1) 利用"模板"

选择"文件"|"新建"，在系统提供的可用模板中选择一个合适的模板，创建自我介绍演示文稿 P1.pptx，由一张封面和两张幻灯片组成。其中，封面的标题为"自我介绍"，文字分散对齐。选择"星和旗帜"中的"上凸带型"，在幻灯片上画出该图形并添加年份。并在其左侧插入剪贴画中的卡通图片文件"马戏团"，图片大小为原图的 30%。

在第一张幻灯片上输入个人的基本信息，如姓名、性别、年龄、联系地址。

在第二张幻灯片上输入个人的经历，用圆点项目符号标记每一项经历。

幻灯片中输入的文字均在文本框中对齐，关键文字用 32 磅粗楷体，说明部分用 28 磅宋体。

(2) 利用"空白演示文稿"

利用空白演示文稿的"标题和内容"版式，创建演示文稿 P2.pptx，标题处填入"通告"，文本内容自定义，剪贴画处选用"工作人员"类别下的"会议"图片，如图 5-1 所示。

2. 幻灯片编辑

(1) 在幻灯片视图中编辑文本

在已有的自我介绍演示文稿中进行文本的选定、移动、复制、撤销、查找和替换操作。

(2) 插入图片

将演示文稿 P1.pptx 中的标题"自我介绍"改为"艺术字"库第 3 行第 2 列的样式。删除剪贴画"马戏团"，加入自己的照片。

图 5-1　幻灯片效果

(3) 插入表格

在创建的自我介绍演示文稿 P1.pptx 中添加一张幻灯片，插入自己的成绩表格。

(4) 配色

对创建的自我介绍演示文稿 P2.pptx 的每个部分进行重新配色。

5.5.2　实验二　修饰与模板的使用

一、实验目的

1. 掌握 PowerPoint 的母版使用。
2. 熟悉 PowerPoint 的模板使用。
3. 掌握 PowerPoint 配色方案的使用。

二、实验内容

1. 创建幻灯片母版

(1) 启动 PowerPoint，新建或打开一个演示文稿。执行"视图"|"幻灯片母版"命令，进入"幻灯片母版视图"状态，此时"幻灯片母版视图"工具条也随之被展开。

(2) 右击"单击此处编辑母版标题样式"字符，在随后弹出的快捷菜单中，选择"字体"选项，打开"字体"对话框。设置好相应的选项后，单击"确定"按钮返回。然后分别右击"单击此处编辑母版文本样式"及下面的"第二级、第三级……"字符，设置好相关格式，如图 5-2 所示。执行"插入"|"页眉和页脚"命令，打开"页眉和页脚"对话框，切换到"幻灯片"标签下，即可对日期区、页脚区、数字区进行格式化设置。执行"插入"|"图片"|"来自文件"命令，打开"插入图片"对话框，定位到事先准备好的图片所在的文件夹中，选中该图片将其插入母版中，并定位到合适的位置上。

图 5-2　幻灯片母版视图

(3) 全部修改完成后，单击"关闭母版视图"按钮，返回幻灯片视图中，"幻灯片母版"制作完成后的效果如图 5-3 所示。

图 5-3　制作完成后的效果

2. PowerPoint 的模板使用

(1) 应用设计模板

启动 PowerPoint，执行"文件" | "新建" | "样本模板"命令，选中需要的模板，单击"创建"按钮。

(2) 创建自己的设计模板

打开现有的演示文稿。更改演示文稿的设置(如修改文本占位符的字符、字号和字形等)，选择"文件"菜单中的"另存为"命令，选择保存类型为演示文稿设计模板。设计如图 5-4 示的模板。

图 5-4 模板

3. 使用配色方案

(1) 应用新的标准配色方案

选择"设计"|"主题"|"颜色"命令，在弹出的列表中选择内置配色方案中的一种，如图 5-5 所示，将新的配色方案应用于整个演示文稿。

图 5-5 配色效果

(2) 创建配色方案

单击图 5-5 中弹出式菜单下方的"新建主题颜色"，弹出"新建主题颜色"对话框，如图 5-6 所示，选择各个项目所需的颜色并调节亮度，将最后的配色方案添加为标准配色方案并应用于演示文稿中。

图 5-6　"新建主题颜色"对话框

5.5.3　实验三　多媒体制作技术

一、实验目的

1. 掌握 PowerPoint 的动画设置。
2. 掌握 PowerPoint 的声音配置。
3. 掌握 PowerPoint 影片的添加。

二、实验内容

1. 幻灯片的动画设计

(1) 幻灯片内动画设计

对创建的自我介绍演示文稿 p1.pptx 内第一张幻灯片中的"姓名"部分，在前一事件结束 2 秒后采用"左侧飞入"的动画效果。对在第 2 张幻灯片的个人经历，按项一条一条地显示。

(2) 设置幻灯片间切换效果

使创建的演示文稿 p1.pptx 内各幻灯片间的切换效果分别采用百叶窗、溶解、盒状展开、随机等方式。设置切换速度为"快速"。换页方式可以通过单击鼠标或定时 3 秒。

2. 声音配置

(1) 插入声音文件

准备好声音文件(*.mid、*.wav 等格式)。选中需要插入声音文件的幻灯片，执行"插入" | "媒体" | "音频" | "文件中的音频"命令，打开"插入音频"对话框，如图 5-7 所示。定位到上述音频文件所在的文件夹，选中相应的音频文件，单击"插入"按钮返回。

图 5-7   "插入音频"对话框

(2) 为幻灯片配音

在电脑上安装并设置好麦克风后，执行"幻灯片放映"|"设置"|"录制幻灯片演示"命令，打开"录制幻灯片演示"对话框，如图 5-8 所示。根据需要选中合适的选项后单击"开始录制"按钮，进入幻灯片放映状态，一边播放演示文稿，一边对着麦克风朗读旁白。播放结束后，系统会弹出提示框，可根据需要单击其中相应的按钮。

图 5-8   录制幻灯片演示

5.5.4   实验四 超链接技术

一、实验目的

1. 掌握 PowerPoint 的超链接技术。
2. 熟悉超链接技术在 PowerPoint 中的实际效果。

二、实验内容

1. 演示文稿中的超链接

(1) 对象的链接

在普通视图的幻灯片模式中，选择"插入"菜单中的"对象"命令，对象类型选择"图表"选项或其他对象类型，如图 5-9 所示。然后单击"确定"按钮，根据提示进行操作。

图 5-9　插入对象

(2) 文件的链接

插入对象时选中"由文件创建"单选按钮，如图 5-10 所示，单击"浏览"按钮，选择需要的文件嵌入到演示文稿。

(3) 控制链接方式的更新方式

将各链接对象的动作方式设置为"超链接到"，单击"确定"按钮，如图 5-11 所示。

单击放映幻灯片，观察结果。

图 5-10　"插入对象"对话框

图 5-11　动作设置

2. 幻灯片的链接

(1) 创建超链接

创建演示文稿 pt.pptx，在第一张幻灯片内放置两个文本框，分别输入"说明"和"图表"，并使这些文字成为超链接，分别链接 Word 和 Excel 实验中的两个文档。"插入超链接"对话框如图 5-12 所示。

图 5-12　"插入超链接"对话框

(2) 动作按钮

在演示文稿 pt.pptx 内的每一张幻灯片的下方放置动作按钮，分别可跳转到上一张，再在第一张幻灯片下方放置另一动作按钮，可跳转到 p1.pptx，如图 5-13 所示。

对演示文稿 p2.pptx 内的标题"通告"进行动作设置，使鼠标单击该文字时，可启动"画图"程序。

图 5-13　放置动作按钮

5.5.5　实验五　播放技术

一、实验目的

1. 掌握 PowerPoint 的不同播放方式。
2. 掌握 PowerPoint 的放映技巧。
3. 掌握 PowerPoint 异地播放技术。

二、实验内容

1. 演示文稿中的播放方式

(1) 自动播放文稿

启动 PowerPoint，打开相应的演示文稿，执行"幻灯片放映"|"排练计时"命令，进入"排练计时"状态。此时，单张幻灯片放映所耗用的时间和文稿放映所耗用的总时间显示在"预演"对话框中。手动播放一遍文稿，并利用"预演"对话框中的"暂停"和"重复"等按钮控制排练计时过程，以获得最佳的播放时间。播放结束后，系统会弹出一个提示是否保存计时结果的对话框，单击其中的"是"按钮即可保存计时结果。

(2) 循环放映文稿

如果文稿在公共场所播放，通常需要设置成循环播放的方式。

进行了排练计时操作后，打开"设置放映方式"对话框，如图 5-14 所示，选中"循环放映，按 ESC 键终止"复选框和"如果存在排练时间，则使用它"单选按钮，单击"确定"按钮。

图 5-14　设置放映方式

(3) 隐藏部分幻灯片

执行"视图"|"幻灯片浏览"命令，切换到"幻灯片浏览"视图状态下，如图 5-15 所示。选中需要隐藏的幻灯片，右击，在弹出的快捷菜单中选择"隐藏幻灯片"命令(此时，该幻灯片序号处会出现一个斜杠)，通常，在进行播放时，该幻灯片不会显示出来。

图 5-15 "幻灯片浏览"视图

2. 放映技巧

(1) 及时指出文稿重点

在放映过程中，可以在文稿中画出相应的重点内容：在放映过程中，右击，在出现的快捷菜单中选择"指针选项"｜"荧光笔"命令，如图 5-16 所示，此时鼠标变成一支"荧光笔"，可以在屏幕上随意绘画。

图 5-16 选择"荧光笔"选项

(2) 用好快捷键

在文稿放映过程中：按 B 或 "." 键可使屏幕暂时变黑(再按一次恢复)；按 W 或 "," 键可使屏幕暂时变白(再按一次恢复)；按 E 键可清除屏幕上的画笔痕迹；按 Ctrl+P 快捷键可切换到 "画笔"(按 Esc 键取消)；按 Ctrl+H 快捷键可隐藏屏幕上的指针和按钮；同时按住左、右键 2 秒钟，可快速回到第 1 张幻灯片上。

3. 打包播放

通常称用于制作演示文稿的计算机为 "电脑 A"，用于播放演示文稿的计算机为 "电脑 B"。如果 "电脑 B" 中既没有安装 PowerPoint，又没有安装播放器，可以在 "电脑 A" 上，将演示文稿的播放器一并打包，然后复制到 "电脑 B" 中解压之后进行播放。

在 "电脑 A" 上启动 PowerPoint，打开相应的演示文稿。执行 "文件" | "保存并发送" | "将演示文稿打包成 CD" 命令，启动 "打包成 CD" 对话框，如图 5-17 所示。将目标复制到电脑 B 中解压之后进行播放。

图 5-17　"打包成 CD" 对话框

第 6 章
计算机网络基础知识

6.1 基本知识点

1. 计算机网络基础知识

(1) 网络概述

计算机网络就是通过通信线路把地理上分散的多台独立计算机连接起来,在网络操作系统的支持下,实现资源共享与信息通信的系统。

计算机网络的主要功能为:资源共享、远程通信和均衡负载。

计算机网络按其地域分布的范围主要分为:个人网、局域网、城域网和广域网。

计算机网络由通信子网和资源子网组成。通信子网是指把计算机系统连接起来的数据通信系统,包括通信设备、通信控制软件等;资源子网是指联网的各种计算机系统,主要包括网络服务器及网络终端。

(2) 网络拓扑结构

常见的网络拓扑结构有星型结构、环型结构、总线型结构、树型结构及网状结构。

(3) 网络协议

为使网络内的各种计算机实现相互通信而制定的各类标准及规范的总称,称为网络协议。现在的网络协议都采用分层协议。

国际标准化组织(ISO)制定的开放系统参考模型(OSI)共分为 7 层,即物理层、数据链路层、网络层、传输层、会话层、表示层及应用层。

(4) 计算机通信

① 调制解调器 Modem:发送时实现 D/A 转换,接收时实现 A/D 转换。

② 网络适配器:也称网卡,用于处理网络传输介质上的信号,并在网络媒介和计算机之间交换数据。

③ 传输介质:可分有线介质和无线介质两种。前者主要包括双绞线、同轴电缆及光缆等,而后者包括卫星通信、微波、红外线等。

④ 互联设备：用于把同一个网络的不同部分连接起来，或连接同种网络或异种网络以形成更大的网络。主要的网络互联设备有网桥、路由器、网关、集线器和交换机。

2. Internet 概述

Internet 是 International NetWork 的简称，中文含义为"国际互联网"。是通过 TCP/IP 协议将网络连接起来的全球性计算机网络联合体。

(1) Internet 的发展历程

1969 年，美国国防部建成 ARPANET。

1982 年，ARPANET 与 MILNET 合并，构成 Internet 雏形。

1985 年，建成基于 TCP/IP 协议的 NSFNET，成为 Internet 基础。

1983 年，美国政府提出"国家信息基础设施 NII"，1995 年提出"全球信息基础设施 GII"，即所谓的信息高速公路的思想。

(2) TCP/IP 协议

TCP/IP 协议集合是 Internet 的通信协议。TCP(传输控制协议)和 IP(互连协议)是 TCP/IP 协议集合中最重要的两个协议。

TCP/IP 协议分 4 层，即物理层、网络层、传输层和应用层。

(3) Internet 提供的主要服务

① WWW 服务，即所谓的万维网服务，也称为 Web 服务。采用客户端/服务器工作模式。信息资源以网络的形式存储在服务器中，通过客户端的应用程序(浏览器)，向服务器发出请求，服务器根据请求将某个页面返回给客户端，由浏览器再对其进行解释，并最终将从服务器端下载的网页显示在用户面前。Web 服务器与浏览器进行通信的协议是 HTTP，即超文本传输协议。

② 电子邮件服务。

③ 文件传输服务(FTP)。

④ 远程登录服务(Telnet)。

⑤ 其他服务：如电子公告牌(BBS)、网上搜索。

3. Internet 网络

(1) IP 地址

Internet 网上的每一台主机(Host)或站点(Site)都有唯一的 IP 地址，用 32 位二进制数表示，即 4 个字节，通常每一个字节用一个十进制数字表示。

IP 地址分为 5 类，其中 A 类、B 类和 C 类的定义如下。

A 类：1.1.1.1~126.254.254.254

B 类：128.1.1.1~191.254.254.254

C 类：192.1.1.1~223.254.254.254

(2) 域名

IP 地址比较难记，所以常使用具有一定含义的域名来表示一台主机或站点的地址，由域名系统 DNS 实现域名地址与 IP 地址之间的转换，这给网络用户带来了很大的方便。

域名具有一定的结构，如 tsinghua.edu.cn。其中最右边的 cn 为一级域名，往往代表国家或地区，但对于美国的组织通常省略，在这种情况下，其一级域名就不再表示国家；edu 代表二级域名，常为机构名。

部分一级域名：jp 日本、ca 加拿大、uk 英国、fr 法国、de 德国。

常用二级域名：com 商业组织、edu 教育机构、net 网络机构、org 非营利组织、gov 政府机构。

(3) E-mail 地址

格式：用户名@主机域名。

(4) URL 地址

URL(Uniform Resource Locator)，即统一资源定位符，由 3 部分构成：资源类型、存放资源的主机域名和资源文件名。

常见的资源类型如下：

WWW	万维网资源，连接 Web 服务器
FTP	连接 FTP 文件服务器
GOPHER	连接 GOPHER 服务器

4. 连接 Internet

(1) 接入方式

① 终端方式：终端用户没有自己的 IP。

② 主机方式：需要一个唯一的 IP 地址。

③ 网络方式：通过局域网服务器接入 Internet。

(2) 拨号入网

这是普通用户通过电话线路上网的常见方式。

入网条件分别如下：

硬件：计算机、Modem 和电话线路。

软件：① 向 Internet 服务提供商(ISP)申请账户、密码。

      ② 网络工具，如浏览器、下载工具等。

5. 浏览器

浏览器的使用方法如下。

(1) 浏览网页：在地址栏中输入某网站的 IP 地址或域名地址。

(2) 使用超链接：当鼠标停留在浏览的网页中的设置有超链接的位置时，鼠标光标会变成手的形状，单击即可打开与超链接所对应的网页。

(3) 使用收藏夹：对于自己喜欢的网页可放入收藏夹，也可对收藏夹进行整理或删除不想保留的收藏项。

6. 使用搜索引擎

搜索引擎是搜索所需信息的主要途径。当用户利用关键字查询时，搜索引擎会显示包含该关键字信息的所有网站，并提供通向这些网站的链接。

常见的中文搜索引擎如下。

百度　　　　　http://www.baidu.com

Google　　　　　http://www.google.com.hk

360 搜索　　　　https://www.so.com/

搜狗搜索　　　　http://www.sogou.com/

7. 使用 Outlook

Outlook 是一个功能强大的邮件管理器，也是个人办公常用信息的理想管理器。

(1) 发送邮件

启动 Outlook，创建新邮件，在打开的"新邮件"窗口中，输入邮件内容并填写或选择有关项，然后单击"发送"按钮。

如果要传递附件，可通过选择"插入"|"文件附件"命令，然后在打开的对话框中选择欲发送的文件即可。

(2) 接收并查看邮件

在 Outlook 环境中，单击"收件箱"文件夹，则当前账号下的全部邮件都会在窗口中列出，可通过单击或双击邮件列表中的邮件，以阅读其内容。

(3) 管理邮件

包括分拣、查找、移动及删除邮件等。

8. 网页制作

(1) 网页与主页：网页包含文本、图形、超链接以及其他信息元素的文件，通过 Internet 传输，可使用浏览器进行浏览。主页也称为首页，主页是某站点的起始网页，包含必要的内容和索引信息。

(2) HTML (Hyper Text Markup Language)：即超文本标记语言，同所有的编程语言一样，HTML 语言也有一套自己的符号和语法约定，但它又不同于一般的编程语言，它只是一些可以由浏览器加以解释，并具有命令标记性质的文本。

(3) Photoshop 是由美国 Adobe 公司推出的目前世界上使用最广泛的平面图像处理软件之一，Photoshop 和网页图像处理有着密不可分的关系，Photoshop 是最专业、最强大的图像处理软件之一。

(4) Dreamweaver 是目前网页设计的主流软件，是世界上最优秀的可视化网页设计制作工具和网站管理工具之一。该软件提供了完美的网页设计方案，借助该软件，可以快速、轻松地完成设计、开发和维护 Web 应用程序的过程。

6.2　重点与难点

1. 计算机网络的概念及网络分类。

2. 网络分层协议；OSI 的 7 层协议；TCP/IP 协议。

3. 电子邮件的概念，电子邮件的收发。

4. 使用常见的 Internet 服务及简单的 Internet 选项设置。

5. 浏览器的使用和简单设置。

6.3 习　　题

6.3.1　单项选择题

1. 计算机网络最主要的功能是_____。

    A. 综合信息服务　　　　　　　　　　B. 均衡负载与分布处理

    C. 信息传送与集中处理　　　　　　　D. 资源共享

2. 拥有计算机并以拨号方式接入网络的用户需要使用_____。

    A. CD-ROM　　　　B. 鼠标　　　　C. 电话机　　　　D. Modem

3. Internet 上许多不同的复杂网络和许多不同类型的计算机互相通信的基础是_____。

    A. ATM　　　　　B. TCP/IP　　　　C. Novell　　　　D. X.25

4. 当网络中任何一个工件站发生故障时，都有可能导致整个网络停止工作，这种网络的拓扑结构为_____结构。

    A. 星型　　　　　B. 环型　　　　　C. 总线型　　　　D. 树型

5. E-mail 地址的格式为：username@hostname，其中 hostname 为_____。

    A. 用户地址名　　B. 某公司名　　　C. ISP 主机的域名　　D. 国家名

6. 计算机网络按距离或规模来可分为几类，其中 LAN 是指_____。

    A. 因特网　　　　B. 广域网　　　　C. 城域网　　　　D. 局域网

7. 在 Internet 上，可以利用_____与网友直接聊天。

    A. FTP　　　　　B. WWW　　　　C. Telnet　　　　D. BBS

8. 目前因特网还没有完全提供的服务是_____。

    A. 文件传送　　　B. 电子邮件　　　C. 远程使用计算机　　D. 电视广播

9. 当有两个以上的同类网络互联时，应该使用_____。

    A. 中继器　　　　B. 网桥　　　　　C. 路由器　　　　D. 网关

10. 信息高速公路传送的是_____。

    A. 二进制数据　　B. 系统软件　　　C. 应用软件　　　D. 多媒体信息

11. 在电子邮件中所包含的信息_____。

    A. 只能是文字　　　　　　　　　　B. 只能是文字与图形图像信息

    C. 只能是文字与声音信息　　　　　D. 可以是文字、声音和图形图像信息

12. 个人用户访问 Internet 最常见的方式是_____。

    A. 公用电话网　　　　　　　　　　B. 综合业务数据网

    C. DDN 专线　　　　　　　　　　D. X.25 网

13. _____属于计算机网络。

    A. 多用户系统

    B. 若干台能交换信息、有独立功能的计算机相连

    C. 并行计算机

    D. 激光打印机、扫描仪、绘图仪等和一台微机相连

14. 广域网和局域网是按照_____来分的。

    A. 网络使用者　　　　　　　　　　B. 信息交换方式

    C. 网络连接距离　　　　　　　　　　D. 传输控制规程

15. 局域网的拓扑结构主要有_____、环型、总线型和树型 4 种。

    A. 星型　　　　　　B. T 型　　　　　　C. 链型　　　　　　D. 关系型

16. 在网上下载的文件大多数属于压缩文件，以下_____是压缩文件。

    A. JPG　　　　　　B. AU　　　　　　C. ZIP　　　　　　D. AVI

17. _____用于异种网络操作系统的局域网之间的连接。

    A. 中继器　　　　　B. 网关　　　　　　C. 集成器　　　　　D. 网桥

18. 在 Internet 中，用于标识计算机身份的是_____。

    A. 计算机名　　　　　　　　　　　　B. IP 地址

    C. 电子邮件地址　　　　　　　　　　D. 该计算机所在的物理地址

19. Internet 的意译是_____。

    A. 国际互联网　　　B. 中国电信网　　　C. 中国科教网　　　D. 中国金桥网

20. 下列不属于 Internet 信息服务的是_____。

    A. 远程登录　　　　B. 文件传输　　　　C. 网上邻居　　　　D. 电子邮件

21. 因特网起源于_____。

    A. 美国　　　　　　B. 英国　　　　　　C. 德国　　　　　　D. 澳大利亚

22. Telnet 的功能是_____。

    A. 软件下载　　　　B. 远程登录　　　　C. WWW 浏览　　　D. 新闻广播

23. 连接到 WWW 页面的协议是_____。

    A. HTML　　　　　B. HTTP　　　　　C. SMTP　　　　　D. DNS

24. URL 的意思是_____。

    A. 统一资源定位器　　　　　　　　　B. Internet 协议

    C. 简单邮件传输协议　　　　　　　　D. 传输控制协议

25. 在因特网上，用于文件传输服务的是_____。

    A. FTP　　　　　　B. E-mail　　　　　C. Telnet　　　　　D. WWW

26. 在 Windows 2000 中采用拨号入网使用的软件是_____。

    A. 超级终端　　　　B. 拨号网络　　　　C. 电话拨号程序　　D. 以上都不是

27. 中国公用互联网络，简称为_____。

    A. GBNET　　　　　B. CERNET　　　　C. CHINANET　　　D. CASNET

28. TCP/IP 协议中的 TCP 相当于 OSI 中的_____。

    A. 应用层　　　　　B. 网络层　　　　　C. 物理层　　　　　D. 传输层

29. 以下因特网网址书写格式不正确的是_____。

    A. www.microsoft.com　　　　　　　B. http://www.xx.yy.js.cn

    C. http://xx@js.cn　　　　　　　　　D. http://cn.yahoo.com

30. 下述哪个不属于浏览器_____。

    A. Internet Explorer

    B. Netscape

    C. OperA

    D. Outlook Express

31. 若要在因特网上实现电子邮件，所有的用户终端机都必须通过局域网或用 Modem 通过电话线连接到_____，它们之间再通过 Internet 相连。

    A. 本地电信局   B. E-mail 服务器

    C. 本地主机   D. 全国 E-mail 服务中心

32. 电子邮件地址的一般格式为_____。

    A. 用户名@域名   B. 域名@用户名

    C. IP 地址@域名   D. 域名@IP 地址

33. 下列说法错误的是_____。

    A. 电子邮件是 Internet 提供的一项最基本的服务

    B. 电子邮件具有快速、高效、方便、价廉等特点

    C. 通过电子邮件，可向世界上任何一个角落的网上用户发送消息

    D. 可发送的多媒体只有文字和图像

34. 当电子邮件在发送过程中有误时，则_____。

    A. 电子邮件将自动把有误的邮件删除

    B. 邮件将丢失

    C. 电子邮件会将原邮件退回，并给出不能送达的原因

    D. 电子邮件会将原邮件退回，但不能给出不能送达的原因

35. 电子邮件的邮箱_____。

    A. 在 ISP 的服务器上   B. 在用户申请的网站的服务器上

    C. 在 Outlook Express 里   D. 在 Outlook Express 所在的计算机里

36. FDDI 网采用_____技术提供高度的可靠性和容错能力。

    A. 令牌环   B. 多级确认   C. 配备冗余交换机   D. 双环结构

37. SMTP 服务器用来_____邮件。

    A. 接收   B. 发送   C. 接收和发送   D. 以上均错

38. 收到一邮件，再把它发送给别人，一般可以采用_____方式。

    A. 答复   B. 转发   C. 编辑   D. 发送

39. 下面有关转发邮件(Forward)，不正确的说法是_____。

    A. 在 Inbox 中选中要转发的邮件，再按 Forward 按钮便可

    B. 用户可对原邮件进行添加、修改，或原封不动地将其转发

    C. 若转发时，用户工作在脱机状态，等到联机上网后，还要再重复转发一次才行

    D. 转发邮件是指用户收到一封电子邮件后，再发给其他成员

40. 将链接的目标文件载入该链接所在的同一框架或窗口中，链接的"目标"属性应设置成_____。

　　A. _blank　　　　　　B. _parent　　　　　C. _self　　　　　D. _top

6.3.2　多项选择题

1. 计算机网络常用的传输介质有_____。
　　A. 光导纤维　　　　　　B. 双绞线　　　　　　C. 卫星通信
　　D. 基带网　　　　　　　E. 公用电话网　　　　F. 同轴电缆

2. 近几年全球掀起了 Internet 热，在 Internet 上能够_____。
　　A. 查询检索资料　　　　B. 打国际长途电话　　C. 货物快递
　　D. 传送图片资料　　　　E. 收发电子邮件

3. 下列关于局域网拓扑结构的叙述中，正确的有_____。
　　A. 星型结构的中心站发生故障时，会导致整个网络停止工作
　　B. 环型结构网络上的设备是串联在一起的
　　C. 总线型结构网络中，若某台工作站故障，一般不影响整个网络的正常运行
　　D. 树型结构的数据采用单级传输，故系统响应速度较快

4. 计算机网络按照拓扑结构，可以分为_____。
　　A. LAN　　　　　　　　B. 星型结构　　　　　C. MAN
　　D. 总线型结构　　　　　E. 网状结构　　　　　F. WAN

5. Internet 中，以下_____是常见的功能和服务。
　　A. E-mail　　　　　　　B. Telnet　　　　　　C. 浏览器 Netscape
　　D. 浏览器 Explorer　　　E. 查询服务　　　　　F. FTP 文件传输服务

6. 下列有关域名和 IP 地址的说法中，正确的是_____。
　　A. 接入到 Internet 的计算机 IP 可以随意指定
　　B. 计算机的 IP 地址只能是唯一确定的
　　C. 计算机的 IP 地址和域名之间是一一对应的关系
　　D. IP 地址是 32 位的，它的书写形式是每段之间用逗号隔开

7. 一个 Novell 网主要由_____基本部分组成。
　　A. 文件服务器　　　　　B. 工作站
　　C. 网卡及传输媒介　　　D. 网络系统软件

8. 我国的"三金工程"是_____。
　　A. 金卡工程　　　　　　B. 金卫工程　　　　　C. 金桥工程
　　D. 金粮工程　　　　　　E. 金税工程　　　　　F. 金关工程

9. 下列有关万维网浏览器的叙述中，正确的有_____。
　　A. 万维网浏览器是一个客户端程序
　　B. 在万维网浏览器中可以下载文件

C. 万维网浏览器的主要用途是查询和浏览信息

D. 在万维网浏览器中可以打印浏览到的文件

E. 在万维网浏览器中用户可以保存刚访问过的 WWW 网址

F. 在万维网浏览器中用户可以建立自己的主页

G. 在万维网浏览器中不能发送 E-mail

10. Internet 上使用的网络协议 TCP/IP 把 Internet 描述成具有以下_____功能的网络模型。

   A. 物理层   B. 链路层   C. 网络层   D. 会话层

   E. 表示层   F. 应用层   G. 传输层

6.3.3　填空题

1. 在计算机网络的使用中，网络的最显著特点是_____。

2. 目前我国直接进行国际联网的互联网络有公用电话网、科技网、金桥网和_____。

3. 通过中国公用电话网可以与 Internet 连通，此时只要一台 486 以上的微机，一根直拨电话线和_____，并配备网络通信软件，就可以拨号上网了。

4. 对网络中的计算机，Windows 可以通过_____来访问其中的信息。

5. ISO/OSI 参考模型是指国际标准化组织提供的_____系统互联模型。

6. Internet 上的主机域名和其 IP 地址的关系是_____。

7. 电子公告牌的英文缩写是_____。

8. 网络体系结构中，OSI 的 7 层协议：(1)数据链路层；(2)网络层；(3)表示层；(4)应用层；(5)会话层；(6)物理层；(7)传输层。其由低层到高层排列，依次为_____。

9. 下载是指从_____上复制文字、图片、声音等信息或软件到本地硬盘上。

10. Outlook 的关键信息区里有收件人、抄送、_____和主题。

6.3.4　简答题

1. 常见的计算机网络拓扑结构有哪几种？

2. Internet 主要提供哪些服务？

3. 什么是 TCP/IP？

4. IP 地址和域名地址有什么联系和区别？

5. 简述国际标准化组织(OSI)所制定的 OSI 七层模型(即每层是什么)。

6.4　习题参考答案

6.4.1　单项选择题答案

1. D	2. D	3. B	4. B	5. C
6. D	7. D	8. D	9. B	10. A
11. D	12. A	13. B	14. C	15. A

16. C	17. B	18. B	19. A	20. C
21. A	22. B	23. B	24. A	25. A
26. B	27. C	28. D	29. C	30. D
31. B	32. A	33. D	34. C	35. A
36. D	37. C	38. B	39. A	40. C

6.4.2　多项选择题答案

1. ABCF	2. ABDE	3. ABC	4. BDE	5. ABEF
6. BD	7. ABCD	8. ACF	9. ABCDE	10. ACFG

6.4.3　填空题答案

1. 资源共享	2. 教育科研网	3. 调制解调器
4. 网上邻居	5. 开放	6. 一一对应的
7. BBS	8. (6)、(1)、(2)、(7)、(5)、(3)、(4)	
9. 远程主机	10. 附件	

6.4.4　简答题答案

(答案省略，请参考教材内容。)

6.5　上机实验练习

6.5.1　实验一　Internet 的接入

一、实验目的

掌握各种 Internet 的接入方式，熟悉个人入网常见的硬件配置与安装，以便在实际工作中酌情选用。

二、实验内容

1. 通过 Modem 以拨号方式连接并登录 Internet。

2. 通过局域网连接并登录 Internet。

三、实验过程

1. 通过 Modem 以拨号方式连接并登录 Internet

(1) 实验配置

硬件：一个 Modem，一根电话线，一台 PC 机。

软件：Windows 7，Modem 驱动程序。

其他：Internet 服务运营商提供的账号及密码。

(2) 实验步骤

① 安装 Modem 驱动程序(以安装标准 56 000bps 调制解调器为例)

应先将 Modem 与 PC 机、电话线正确连接，保证在不影响语音电话使用的情况下，同时可以通过电话拨号上网。因考虑到这个过程专业性较强，并且向 ISP 申请服务时，服务商一般都会上门接好，以后大多不再需要重新连接，所以在这里对这一过程从略。

步骤 1：连接好 Modem 硬件后，第一次启动计算机时，系统会提示发现新硬件；或选择"控制面板"，在查看方式中选择小图标，在图标中找到"电话和调制解调器选项"，在打开的对话框中，设置正确的电话区号及电话属性，并选择"调制解调器"选项卡，如图 6-1 所示。

图 6-1　"调制解调器"选项卡

步骤 2：单击"添加"按钮，打开如图 6-2 所示的对话框。

图 6-2　安装新的调制解调器——检测调制解调器

步骤 3：在图 6-2 中选中"不要检测我的调制解调器；我将从列表中选择"复选框，然后单击"下一步"按钮，打开如图 6-3 所示的对话框。

图 6-3　安装新的调制解调器——选择厂商与型号

步骤 4：在"厂商"一栏中选中"(标准调制解调器类型)"，在"型号"一栏中选中"标准56000 bps 调制解调器"，如图 6-3 所示。如果没有列出调制解调器型号或手头有安装盘，单击"从磁盘安装"按钮；单击"下一步"按钮，打开如图 6-4 所示的对话框。

图 6-4　安装新的调制解调器——选择通信端口

步骤 5：选择调制解调器所使用的端口，如果计算机没有串行端口，则端口列表中就没有显示，单击"下一步"按钮，在打开的对话框中单击"完成"按钮，结束安装。

② 创建新的连接

如果在安装操作系统时没有安装"通讯"中的"拨号网络"组件，应先将操作系统安装盘放入光驱，选择"控制面板"的"添加/删除程序"中的"Windows 安装程序"选项卡，安装相应的组件。在此，假设已经安装了该组件。

步骤 1：选择"控制面板"|"网络和共享中心"命名，所出现的界面如图 6-5 所示。

图 6-5　网络和共享中心

步骤 2：选择"设置新的连接或网络"，打开如图 6-6 所示的对话框，选择连接类型。

图 6-6　设置连接或网络

步骤 3：选择"连接到 Internet"，单击"下一步"按钮，如果计算机已经连接到互联网，则会提示如图 6-7 所示的信息。

步骤 4: 单击"仍要设置新连接", 打开如图 6-8 所示的对话框。

图 6-7　连接到 Internet

图 6-8　选择连接方式

步骤 5: 可根据从 ISP 取得的实际接入方式选择电话拨号、xDLS 或 LAN, 在此假设是 ADSL 接入方式, 这也是现在最普遍的个人 Internet 接入方式, 这里选择宽带(PPPOE), 设置好后, 单击"下一步"按钮, 打开如图 6-9 所示的对话框。

步骤 6: 填入正确的账户信息后, 单击"下一步"按钮, 查看并确认信息无误后, 单击"连接"按钮, 系统会开始尝试连接, 如图 6-10 所示。

图 6-9　Internet 账户信息

图 6-10　尝试连接到互联网

步骤 7: 如果账户信息填写错误, 则连接出错, 如图 6-11 所示, 这时需要仔细检查所填写的信息。如果连接成功, 就可以开始访问互联网。

③ 使用新建连接登录 Internet

步骤 1: 选择"开始"|"连接到"中已创建的连接, 如 ADSL, 打开如图 6-12 所示的对话框, 在"密码"文本框中输入相应的密码。为了在下一次连接时不必重新输入密码, 可选中"为下面用户保存用户名和密码"复选框, 再根据需要选择下面单选按钮中的一个。

步骤 2: 单击"连接"按钮, 打开如图 6-13 所示的对话框, 如果设置正确, 将在显示成功连接的信息后, 接入 Internet。

图 6-11　连接到互联网未成功

图 6-12　连接对话框

图 6-13　正在连接对话框

2. 通过局域网连接并登录 Internet

如果计算机正与某个局域网相连，而局域网的服务器已经连接到 Internet，则也可以通过登录局域网的服务器的方式接入 Internet，这也是单位用户连接到 Internet 的主要方式。

(1) 实验配置

硬件：已连入 Internet 的一台服务器，网络适配器，集线器，网络终端，网线若干。

软件：Windows 9x/2000/NT/XP/Windows 7，网卡驱动程序。

其他：服务器 IP 地址及 DNS，终端 IP 地址。

(2) 实验步骤

步骤 1：在网络终端上装配网卡，并安装正确的驱动程序。

步骤 2：正确连接各网络硬件，确保相关协议已安装，如图 6-14 所示。

步骤 3：选择 "Internet 协议(TCP/IP)" 选项，并单击 "属性" 按钮，打开如图 6-15 所示的对话框。

步骤 4：根据所分配的 IP 地址，正确填入本地机 IP 地址及 DNS，或选择 "自动获得 IP 地址" "自动获得 DNS 服务器地址"，一切设置正确后，即可通过该连接接入 Internet。

图 6-14 连接网络硬件并安装相关协议

图 6-15 Internet 协议(TCP/IP)属性

6.5.2 实验二 Internet Explorer 10 的使用及常见设置

一、实验目的

掌握使用 Internet Explorer 10 浏览网页，并熟悉其常用设置项的设置。

二、实验内容

1. 配置 Internet Explorer 10。
2. 使用 Internet Explorer 10 浏览网页。

三、实验过程

在正确设置 Internet 连接后，就可以使用 Windows 操作系统中默认的浏览器 Internet Explorer 来浏览网页了。但为了更好、更方便地在网上冲浪，往往需要一些个性化的设置，所以对浏览器进行适当的配置也是必不可少的。

1. 配置 Internet Explorer 10

步骤 1：按以下方法之一打开"Internet 选项"对话框。

(1) 在"开始"菜单中，选择"控制面板"|"网络和 Internet 连接"|"Internet 选项"命令。

(2) 在 Internet Explorer 10 的窗口中，选择"工具"图标 ⚙ |"Internet 选项"菜单项。

步骤 2：选择"常规"选项卡，在"地址"栏中设置每一次启动 Internet Explorer 10 时自动打开并浏览的主页的 URL，如 http://www.zjou.edu.cn，如图 6-16 所示。

步骤 3：选择"连接"选择卡，打开如图 6-17 所示的对话框。如果是拨号上网，则在"拨号和虚拟专用网络设置"选项组中选择已经建立好的"拨号连接"，或选择"添加"按钮重新建立新的连接；如果通过局域网登录 Internet，则单击"局域网设置"按钮，可以继续进行局域网的设置。

图 6-16　Internet 选项——"常规"选项卡

图 6-17　Internet 选项——"连接"选项卡

步骤 4：选择"程序"选项卡，打开如图 6-18 所示的对话框，可以对 HTML 编辑器、电子邮件等内容进行设置，一般保持默认值。

步骤 5：选择"高级"选项卡，打开如图 6-19 所示的对话框，在这里可以对浏览器进行个性化的设置。

图 6-18　Internet 选项——"程序"选项卡

图 6-19　Internet 选项——"高级"选项卡

2. 使用 Internet Explorer 10 浏览网页

在进行网络拨号或局域网登录后，就可以使用安装及配置好的浏览器 Internet Explorer 10 进行网上浏览了。具体步骤如下：

步骤 1：在本机已经连接到因特网的情况下，双击桌面上的 Internet Explorer 图标，即打开 Internet Explorer 默认网页，如图 6-20 所示。

图 6-20　使用 Internet Explorer 浏览默认网页

步骤 2：对于主页中有超链接的地方，将鼠标移至相应位置，指针开关会变成手形，此时单击鼠标左键，即可转向相应的网页。

步骤 3：如想浏览某一 Web 页，可直接在地址栏中输入目的主页的 URL，如 www.sina.com，输入完成后，按回车键即可进入指定的网页浏览。

步骤 4：可以把正在浏览的网页，保存起来以便在脱机的情况下浏览该网页，这对于拨号上网的用户尤其适用。可以选择"文件"|"另存为"菜单命令，在打开的"另存为"对话框中，可以对文件名、保存位置及保存的文件类型进行设置，然后单击"保存"按钮。

步骤 5：如果对网页的图片感兴趣，也可以将它保存下来。先将鼠标移至要保存的图片，右击，在打开的快捷菜单中选择"图片另存为"命令，打开"另存为"对话框，其后的操作方式同步骤 4。

步骤 6：当在浏览的过程中碰上自己喜爱的网站时，也可以将它加入到收藏夹。以 www.hao123.com 为例，首先打开该网页，再选择"收藏"图标☆|"添加到收藏夹"选项，弹出如图 6-21 所示的对话框，选择好网址的保存地址，并在"名称"文本框中输入自己认为合适的一个名字(如"网址之家")后，单击"添加"按钮，当前网页即被添加到收藏夹中。此后，如果要再次访问该网页，就可以直接通过单击收藏图标命令，选择相应的选项来实现对该网页的浏览。

图 6-21　把喜爱的网页添加到收藏夹

6.5.3 实验三 电子邮件的发送与接收

一、实验目的

1. 掌握电子邮箱的申请方法。
2. 掌握在 Windows Live Mail 中设置电子邮件账号。
3. 掌握在通讯录中创建新联系人。
4. 掌握使用 Windows Live Mail 收发邮件。

二、实验内容

1. 申请电子邮箱。
2. 设置在 Windows Live Mail 中的电子邮件账号。
3. 在通讯录中创建新联系人。
4. 使用 Windows Live Mail 发送电子邮件。
5. 使用 Windows Live Mail 接收及查看电子邮件。

三、实验过程

1. 申请一个免费的电子邮箱

说明：在网上拥有一个免费的电子邮箱对大多数人来说都是必需的。下面以申请 163 邮箱账号为例，介绍免费邮箱的申请过程。

步骤 1：打开 Internet Explorer，在地址栏中输入 mail.163.com，进入相应的主页，如图 6-22 所示。

图 6-22 进入邮箱服务器主页

步骤 2：如果已有 163 账号，就可以直接输入账号和密码进行登录，否则单击"立即注册"链接，打开账户注册网页，根据网页的提示信息填充一些必要的用户资料，如图 6-23 所示。

图 6-23　账户注册

步骤 3：单击"立即注册"按钮，在经过系统的检验无误后，系统会给出相应的提示，即表示申请邮箱成功，如图 6-24 所示。

图 6-24　账户注册成功

2. 在 Windows Live Mail 中设置电子邮件账号

Windows Live Mail 是邮件和个人信息管理器，它将所有常用的通知、计划、安排、组织，以及管理工具都集成在一个简单而又灵活的系统中，而建立属于自己的电子邮件账号往往是所有这些工作的基础。下面以建立一个账号名为 computeBase 的账号为例讲述如何设置一个电子邮件账号。

步骤 1：选择"开始"｜"所有程序"｜Windows Live Mail，启动 Windows Live Mail，出现如图 6-25 所示的界面。

图 6-25　启动 Windows Live Mail

步骤 2：选择"账户"选项卡，如图 6-26 所示。

图 6-26　"账户"选项卡

步骤 3：如果要添加一个新的账户，则选择单击"电子邮件"按钮，启动 Windows Live Mail 的邮件账户设置向导，如图 6-27 所示。

步骤 4：输入邮箱地址和密码，并选中"手动配置服务器设置"复选框，如图 6-28 所示。

图 6-27　添加新账号

图 6-28　Internet 电子邮件设置

步骤 5：单击"下一步"按钮，在接收服务器和发送服务器中输入相应的账户和服务器信息，163 邮箱的 pop 服务器地址是 pop.163.com，smtp 服务器的地址是 smtp.163.com，并且 smtp 服务器是需要经过身份验证的，如图 6-29 所示。

图 6-29　配置服务器设置

步骤 6：单击"下一步"按钮，至此，我们就在 Windows Live Mail 中添加了电子邮件账户，如图 6-30 所示。

图 6-30　成功添加电子邮件账户

步骤 7：单击"完成"按钮，并在"开始"选项卡中，单击"发送/接收"，Windows Live Mail 就开始从服务器中接收邮件，接收完之后，界面如图 6-31 所示。

图 6-31　添加账户并接收邮件后的 Windows Live Mail 界面

3. 在通讯录中创建新联系人

步骤 1：在 Windows Live Mail 主窗口中，选择"开始"|"其他项目"|"联系人"命令，打开如图 6-32 所示的窗口。

图 6-32　添加联系人

步骤 2：在输入框中分别填写相应信息。

步骤 3：如果需要，可以选择"联系人""个人"和"工作"等选项卡，填写更详细的信息。

步骤 4：信息输入完毕后，单击"添加联系人"按钮。

4. 使用 Windows Live Mail 发送电子邮件

步骤 1：在 Windows Live Mail 主窗口中，选择"开始"|"电子邮件"命令，打开如图 6-33 所示的界面。

图 6-33　新建邮件

步骤 2：在"收件人"栏中，输入电子邮件地址(使用分号分隔两个或多个联系人)。

步骤 3：如有必要，可以单击"显示抄送和密件抄送"，在"抄送人"一栏中输入其他收件人的电子邮件地址。

步骤 4：在"主题"栏中，输入所发邮件的主题词。

步骤 5：输入邮件正文。

步骤 6：如果要发送附件，选择"插入" | "附加文件"命令，在弹出的对话框中找到要发送的附件，如图 6-34 所示，单击"插入"按钮。

步骤 7：单击"发送"按钮。

图 6-34　添加邮件附件

5. 使用 Windows Live Mail 接收并查看电子邮件

步骤 1：单击"发送/接收"按钮，Windows Live Mail 将把邮箱中的本地没有存储的新邮件导入收件箱中，如图 6-35 所示。

图 6-35　接收邮件

步骤 2：在 Windows Live Mail 主窗口中，单击邮件，显示其中的所有邮件。

步骤 3：在窗口左二栏中选择想读的邮件，则在窗口左三栏中会显示所选邮件的内容。

步骤 4：如果有附件，可以通过双击该邮件名，进入邮件编辑窗口，然后在邮件窗口的标题下部双击附件图标即可，如图 6-36 所示，附件为一个文本文件。

图 6-36　带附件的邮件

6.5.4 实验四 搜索引擎的使用

一、实验目的

1. 掌握搜索引擎的基本使用方法。
2. 了解常见的搜索引擎。

二、实验内容

1. 搜索引擎的基本使用步骤。
2. 常见的搜索引擎。

三、实验过程

1. 搜索引擎的基本使用步骤

Internet 的信息量极大，若要从庞大而繁杂的信息中找到感兴趣的内容，是一件极复杂而又颇费精力的事情，借助于搜索引擎查找信息是最常见的一种方式。

一般而言，常用的搜索引擎是一些大型网站的主页，可以通过输入关键词来查询自己感兴趣的信息，下面以 Google 为例介绍使用搜索引擎的基本过程。

步骤 1：启动 IE，在地址栏中输入网址 http://www.google.com.hk/，打开如图 6-37 所示的网页。

图 6-37　搜索引擎主页

步骤 2：在 "Google 搜索" 按钮上方的编辑框中填入需要搜索的关键词，如 "网络基础"，单击 "Google 搜索" 按钮，则进行网上搜索，搜索结果如图 6-38 所示。

步骤 3：为加快搜索进程，可以对搜索的网站加以限制，如 "搜索所有中文网页" "搜索简体中文网页"，不同的搜索引擎其限制不尽相同。

图 6-38　搜索结果

步骤 4：在搜索到的结果中选择某一个网站名即可链接到该网站。

2. 常见的简体中文搜索引擎网址

百度	http://www.baidu.com
Google	http://www.google.com.hk
360 搜索	http://www.so.com/
搜狗搜索	http://www.sogou.com/

6.5.5　实验五　文件的下载

一、实验目的

1. 掌握 Internet 中各类文件的下载方法。
2. 熟悉对下载对象的常见处理。

二、实验内容

1. Internet 中普通文件的下载。
2. 网页中各种对象的下载。

三、实验过程

1. Internet 中普通文件的下载

Internet 作为一个巨大的信息库，其中绝大部分资源都是以文件的形式保存在网络中的各类服务器上，以供需要这些资源的网络用户从中选择下载。下面以 MP3 播放器的下载为例讲解文件下载的一般过程。

步骤 1：运行 IE，输入相应的网址，打开要下载的文件所在的网页(也可以通过搜索引擎进行搜索)，如 http://weishi.baidu.com/，单击要下载的链接，会在浏览器底部弹出提示框，如图 6-39 所示。

图 6-39 "文件下载"提示框

步骤 2：选择"保存"按钮，浏览器就会自动开始下载，下载完之后，单击"查看"按钮，弹出的窗口会按时间顺序列出浏览器下载的文件，如图 6-40 所示。

图 6-40 查看下载的文件

步骤 3：如果是可执行的文件，就可以选择直接运行，也可以进入该文件所保存的文件夹进行操作，比如有些文件需要解压后才能运行安装，在对应的下载条目上右击，选择打开所在目录，就可以在文件夹中查看所下载的文件，如图 6-41 所示。

图 6-41　打开下载文件所在的文件夹

2. 网页中各种对象的下载

浏览网页时经常会碰到符合自己心意的网页或图片，可以使用下面的方法保存起来，以备需要时使用。

(1) 保存 Web 页

步骤 1：打开感兴趣的网页，如 http://www.zjccet.com/。

步骤 2：选择"文件"|"另存为"命令，弹出如图 6-42 所示的对话框。

图 6-42　"保存网页"对话框

步骤 3：设置好对话框中的各项后，单击"保存"按钮即可。

(2) 保存网页中的图片

步骤 1：在打开的网页中，将鼠标光标悬停在要保存的图片之上并右击，打开如图 6-43 所示的快捷菜单。

图 6-43　图片的快捷菜单

步骤 2：选择"图片另存为"选项，打开如图 6-44 所示的对话框。

步骤 3：设置对话框中的各项，并单击"保存"按钮即可。

图 6-44　"保存图片"对话框

6.5.6　实验六　Dreamweaver 文本及图像的操作

一、实验目的

创建文本及对文本进行格式化，插入图像及对图像进行格式化是网页制作中最基本的操作。通过本章的学习，掌握这些网页制作中的基础性操作，以便深入学习 Dreamweaver CS4 的其他高级操作。

二、实验内容

1. 文本的输入及文本的格式化。

2. 在网页中插入背景图像。

三、实验过程

在安装了 Dreamweaver CS4 并进行正确设置后，就可以开始创建最基本的网页了。而文本和图像无疑是所有网页中最常见的组成元素。下面介绍如何在网页中加入文本及相关图像。

1．文本的输入及文本的格式化

说明：下面以岳飞的《满江红》词为例创建第一个以文本为主的网页。

步骤 1：启动 Dreamweaver CS4，选择"文件"｜"新建"｜"空白网页"命令，页面类型选择 HTML，布局设置为<无>，单击"创建"按钮，在"设计"视图中输入《满江红》词，如图 6-45 所示。

图 6-45　在 Dreamweaver CS4 设计视图中输入文字

步骤 2：选中文字"满江红"，执行"格式"｜"段落格式"｜"标题 1"命令，结果如图 6-46 所示。

图 6-46　设置文字"满江红"为标题 1

步骤 3：选中文字"满江红"，执行"格式"|"对齐"|"居中对齐"命令，结果如图 6-47 所示。

图 6-47 文字"满江红"为居中对齐

步骤 4：选中文字"满江红"，执行"格式"|"颜色"命令，在弹出的颜色选择框中选择红色，如图 6-48 所示，单击"确定"按钮。弹出"新建 CSS 规则"对话框，在"选择器名称"输入框中输入 poemHead，如图 6-49 所示，单击"确定"按钮，标题"满江红"即被修改为红色。

图 6-48 选择颜色

图 6-49 "新建 CSS 规则"对话框

步骤 5：单击属性栏中的"页面属性"按钮，在弹出的对话框中单击"背景图片"右边的"浏览"按钮，在"选择图像源文件"对话框中，选择所需的背景图片(可以自己从网上搜索合适的图片作为背景图片)，单击"确定"按钮，结果如图 6-50 所示。

图 6-50　添加背景图片

第 7 章

数据库基础与 Access 2010

7.1 基本知识点

1. 数据库技术概述

(1) 数据是记载客观事物的性质、状态以及相互关系等的符号或符号组合，数据是信息的表示形式。在计算机系统中，数据以二进制的形式表示。

(2) 数据库是长期存储在计算机外存中的、有组织的、可共享的数据集合。数据是数据库中存储的基本对象。

(3) 数据库管理系统(DBMS)是位于用户与操作系统之间的一层数据管理软件，其主要功能包括数据定义功能；数据操纵功能；数据库的运行管理功能；数据的组织、存储和管理功能以及数据库的维护功能。

(4) 数据管理技术的产生与发展：使用计算机后，随着数据处理量的增长，产生了数据管理技术。数据管理技术的发展经历了 3 个阶段：人工管理阶段、文件系统阶段、数据库系统阶段。

(5) 数据库系统阶段的 4 个特点：采用复杂的结构化的数据模型、较高的数据独立性、最低的冗余度、数据控制功能。

2. 数据模型

(1) 数据模型是对现实世界数据特征的抽象，是用来描述数据的一组概念定义。它是构造数据时所遵循的规则以及对数据所能进行操作的总和，是数据库技术的关键。数据模型包括 3 部分：数据结构、数据操作和数据的完整性约束。

(2) 概念模型是从现实世界到计算机世界的一个中间层次，是现实世界到信息世界的一种抽象、不依赖于具体的计算机系统。概念模型的一些概念包括实体、属性、域、实体型、实体集、联系等。概念模型常用的表示方法是 E-R 模型。

(3) 数据库领域中，数据模型有层次模型、网状模型、关系模型和面向对象数据模型。关系模型是目前最常用的一种数据模型。

3. 数据库系统

(1) 引入数据库以后的计算机系统称为数据库系统，它提供了对数据进行存储、管理、处理和维护等功能。数据库系统由以下几个部分组成：①数据库；②数据库管理系统；③计算机硬件及相关软件；④用户包括数据库管理员(DBA)、应用系统开发人员、终端用户。

(2) 现有的数据库系统的结构是三级模式和二级映射结构，三级模式由模式、外模式和内模式组成，二级映射由外模式——模式映像、内模式——模式映像组成。

(3) 数据库系统的外部体系结构：集中式系统、个人计算机系统、客户端/服务器系统、分布式系统和浏览器/服务器系统。

4. 关系数据库的基本概念

(1) 关系模型是一种以关系数学理论为基础构造的数据模型。在关系模型中，用由行、列组成的二维表来描述现实世界中的事物以及事物之间的联系。一个关系对应一张二维表，表名即为关系名；表中的每一行称为一个元组；表中的每一列称为一个属性，每个属性都有属性名。

(2) 关系模型的特点如下：

① 关系中的每一个属性都是不可再分的基本数据元素；

② 关系中的每一个元组都具有相同的形式；

③ 关系模式中的属性个数是固定的，每一个属性都要命名，在同一个关系模式中，属性名不能重复；

④ 任何两个元组都不相同；

⑤ 属性的先后次序和元组的先后次序是无关紧要的。

(3) 关系有许多运算，其中 3 种基本运算是选择、投影和连接。

(4) 利用关系模型来组织数据的数据库称为关系型数据库，而管理关系数据库的软件称为关系数据库管理系统。在关系数据库中，对数据的操作几乎全部建立在一个或多个关系表上，通过对这些关系表进行分类、合并、连接或选取等运算来实现数据的管理。

(5) 关系数据库中常用的术语有字段、记录、表和联系等，对数据库关系表中信息的基本操作包括选择、投影和连接。

5. 常见关系数据库产品

(1) 管理关系数据库的软件称为关系数据库管理系统。关系数据库管理系统是被公认为最有前途的一种数据库管理系统，目前已成为占据主导地位的数据库管理系统。

(2) 大型数据库管理系统软件如 Oracle、SQL Server、DB2、Sybase 等。

(3) 中小型数据库管理系统软件如 Informix、MySQL 和 MS Access 等。

6. 创建数据库

(1) 通过模板快速创建数据库：①启动 Access 2010；②单击"样本模板"按钮，从列出的 12 个模板中选择一个模板；③在屏幕右下方的"文件名"文本框中输入数据库文件名；④单击"创建"按钮，完成数据库的创建。

(2) 创建空白数据库：

① 启动 Access 2010；

② 在 Access 2010 启动窗口中单击"空数据库"；

③ 单击"文件夹"按钮，在打开的"文件新建数据库"对话框中，选择数据库的保存位置，单击"确定"按钮；

④ 开始创建空白数据库，自动创建了一个名称为"表1"的表格。

7. 创建数据表

(1) 在 Access 2010 数据表中，每个字段的可用属性取决于为该字段选择的数据类型，Access 2010 中的字段采用了以下 12 种数据类型：文本、备注、数字、日期/时间、货币、自动编号、是/否、OLE 对象、超链接、附件、计算和查阅向导。

(2) 表结构的设计包括：字段名称；字段类型；字段大小；字段的其他属性。

(3) 创建表：通过数据表视图创建表；通过设计视图创建表；通过数据导入创建表。

8. 表操作

打开数据库，从导航窗格中打开需要添加记录的表，可以进行添加记录、删除记录、查找和替换记录、排序记录和筛选记录等操作。

9. 建立表之间的关系

(1) 为了保证表中的每条记录具有唯一性，可以通过对字段设置主键来进行约束，Access 2010 不允许在主键字段中输入重复或空值(NULL)，主键可以由一个或多个字段组成，主键的基本类型包括自动编号主键、单字段主键、多字段主键 3 种。

(2) 主键的创建和删除。

(3) 索引对表中的数据提供了逻辑排序，可以提高数据的访问速度。

(4) 创建索引并设置索引的各项属性，包括索引名称、索引字段、排序次序和是否主索引、是否唯一索引、是否忽略空值。

(5) 表间关联关系的类型：一对一关系；一对多关系。

(6) 建立表间关联关系。

10. 创建查询

(1) 查询就是根据给定的条件从数据库的一个或多个表中筛选出符合条件的记录，构成一个数据集合，而这些提供数据的表就被称为查询的数据来源。

(2) 常见的查询类型包括选择查询、交叉表查询、参数查询、操作查询和 SQL 查询。

(3) 使用向导创建查询。

(4) 在设计视图中创建查询、编辑查询等。

11. 创建窗体、报表

(1) 窗体提供了一个友好的交互界面，主要用于输入和显示数据的数据库对象。在 Access

2010 中，创建窗体有多种方法，使用窗体向导创建窗体时，会对创建的每个环节进行提示，只需进行简单的设置就能创建一个窗体。

(2) 报表是数据库的一种对象，报表可以显示和汇总数据，并可以根据用户的需求打印输出格式化的数据信息。Access 2010 主要提供了 3 种创建报表的方法：空报表、报表向导、报表设计。通过向导创建报表是最常用的一种创建报表方式。

7.2　重点与难点

1. 重点

(1) 数据、数据库、数据库管理系统及数据库系统的基本概念。

(2) 数据模型、概念模型、E-R 模型、层次模型、网状模型。

(3) 数据库技术的 3 个发展阶段的特点。

(4) 关系模型和关系数据库的基本概念。

(5) 常见的关系数据库产品。

(6) 数据库的创建和基本操作。

(7) 表的创建和基本操作。

(8) 表间关联的意义和创建。

(9) 表数据查询的概念。

(10) 查询的创建和操作。

(11) 使用向导创建窗体和报表。

2. 难点

(1) 数据模型与概念模型的概念。

(2) 关系模型的概念。

(3) 索引的概念和创建。

(4) 表间关联的类型。

(5) 查询的概念和创建。

7.3　习　　题

7.3.1　单项选择题

1. 关于数据与信息，下面说法正确的是_____。

    A. 信息与数据只有区别，没有联系　　　　B. 信息是数据的载体

    C. 数据处理本质上就是信息处理　　　　　D. 数据与信息没有区别

2. 数据库中的数据和信息具有_____属性。

    A. 可存储、可加工、可传递和可再生

    B. 可感知、可存储、可加工、可传递和可再生

    C. 可感知、可存储、可加工和可传递

    D. 可感知、可存储、可传递和可再生

3. 关于"黄蓉的高等数学 89 分""黄蓉""高等数学"和"89"的正确说法是_____。

    A. "黄蓉的高等数学 89 分"是信息，其中只有"89"是数据

    B. "黄蓉""高等数学""89"和"黄蓉的高等数学 89 分"都是信息

    C. "黄蓉的高等数学 89 分"是信息，"黄蓉""高等数学"和"89"都是数据

    D. "黄蓉""高等数学""89"和"黄蓉的高等数学 89 分"都是数据

4. 文件系统与数据库系统的重要区别是数据库系统具有_____。

    A. 数据共享性   B. 数据无冗余   C. 数据结构化   D. 数据独立性

5. 在数据库中存储的是_____。

    A. 数据   B. 信息

    C. 数据和信息   D. 数据以及数据之间的联系

6. DB、DBS 和 DBMS 三者的关系是_____。

    A. DB 包括 DBS 和 DBMS   B. DBS 包括 DB 和 DBMS

    C. DBMS 包括 DB 和 DBS   D. DBS 和 DBMS 包括 DB

7. 数据库管理系统 DBMS 是_____。

    A. 一个必须依托计算机软硬件支撑的完整的数据库应用系统

    B. 一个必须依托 OS 运行的用于管理数据库的软件

    C. 一个可以摆脱 OS 运行的用于管理数据库的软件

    D. 一个必须依托计算机软硬件支撑的数据库系统

8. 常用的关系数据库管理系统有_____。

    A. Oracle、Access、PowerBuild 和 SQL Server

    B. DB2、Access、Delphi 和 SQL Server

    C. Oracle、Sybase、Informix、Visual FoxPro

    D. PowerDesigner、Sybase、Informix、Visual FoxPro

9. 关于 E-R 实体联系模型的叙述，不正确的是_____。

    A. 实体型用矩形表示、属性用椭圆形表示、联系用无向边表示

    B. 实体之间的联系通常有：1：1、1：n 和 m：n 三类

    C. 实体型用矩形表示、属性用椭圆形表示、联系用菱形表示

    D. 联系不仅存在于实体之间，也存在于实体内部

10. 在下列关于关系表的陈述中，错误的是_____。

    A. 表中任意两行的值不能相同   B. 表中任意两列的值不能相同

    C. 行在表中的顺序无关紧要   D. 列在表中的顺序无关紧要

11. 支持数据库各种操作的软件系统是＿＿＿＿＿。
  A. 数据库管理系统　　　　B. 文件系统　　　　C. 数据库系统　　　　D. 操作系统

12. 在关系数据库中，用来表示事物与事物之间联系的是＿＿＿＿＿。
  A. 层次结构　　　　B. 网状结构　　　　C. 链表结构　　　　D. 二维表格

13. 一个关系数据库的表中有多条记录，记录之间的相互关系是＿＿＿＿＿。
  A. 前后顺序不能任意颠倒，一定要按照输入的顺序排列
  B. 前后顺序可以任意颠倒，不影响数据库中的数据关系
  C. 前后顺序可以任意颠倒，但是排列顺序不同，统计处理结果可能不同
  D. 前后顺序不能任意颠倒，一定要按照主键取值的顺序排列

14. DBMS 中数据库数据的检索、插入、修改和删除操作的功能称为＿＿＿＿＿。
  A. 数据操作　　　　B. 数据控制　　　　C. 数据管理　　　　D. 数据定义

15. 在 Access 2010 中，表和数据库的关系是＿＿＿＿＿。
  A. 一个数据库可以包含多个表　　　　B. 一个表只能包含两个数据库
  C. 一个表可以包含多个数据库　　　　D. 一个数据库只能包含一个表

16. 关系数据库管理系统能实现的专门关系运算包括＿＿＿＿＿。
  A. 排序、索引和统计　　　　B. 选择、投影和连接
  C. 关联、更新和排序　　　　D. 显示、打印和制表

17. 在 E-R 图中，用来表示实体联系的图形是＿＿＿＿＿。
  A. 椭圆形　　　　B. 矩形　　　　C. 菱形　　　　D. 三角形

18. 常见的数据模型有 3 种，它们是＿＿＿＿＿。
  A. 网状模型、关系模型和语义模型　　　　B. 层次模型、关系模型和网状模型
  C. 环状模型、层次模型和关系模型　　　　D. 字段名、字段类型和记录

19. 用二维表来表示实体及实体之间联系的数据模型是＿＿＿＿＿。
  A. 实体-联系模型　　　　B. 层次模型　　　　C. 网状模型　　　　D. 关系模型

20. 数据模型反映的是＿＿＿＿＿。
  A. 事物本身的数据和相关事物之间的联系　　B. 事物本身所包含的数据
  C. 记录中所包含的全部数据　　　　D. 记录本身的数据和相关关系

21. 不属于 Access 2010 对象的是＿＿＿＿＿。
  A. 表　　　　B. 文件夹　　　　C. 窗体　　　　D. 查询

22. Access 2010 数据库的各对象中，实际存放数据的地方只有＿＿＿＿＿。
  A. 表　　　　B. 查询　　　　C. 窗体　　　　D. 报表

23. 利用 Access 2010 创建的数据库文件，其扩展名为＿＿＿＿＿。
  A. .accdb　　　　B. .dbf　　　　C. .frm　　　　D. .mdb

24. 数据表中的"行"称为＿＿＿＿＿。
  A. 字段　　　　B. 数据　　　　C. 记录　　　　D. 数据视图

25. 数据类型是_____。

    A. 字段的另一种说法

    B. 决定字段能包含数据的设置

    C. 一类数据库应用程序

    D. 一类用来描述 Access 表向导允许从中选择的字段名称

26. 对数据表结构进行修改，主要是在数据表的_____视图中进行的。

    A. 数据表   B. 数据透视表

    C. 设计   D. 数据透视图

27. 如果字段内容为声音文件，则该字段的数据类型应定义为_____。

    A. 文本   B. 备注   C. 超链接   D. OLE 对象

28. 在 Access 2010 中，查询的数据源可以是_____。

    A. 表   B. 查询   C. 表和查询   D. 表、查询和报表

29. 下列关于查询的叙述，正确的一项是_____。

    A. 只能根据数据表创建查询   B. 只能根据已建查询创建查询

    C. 可以根据数据表和已建查询创建查询   D. 不能根据已建查询创建查询

30. Access 2010 支持的查询类型有_____。

    A. 选择查询、交叉表查询、参数查询、SQL 查询和操作查询

    B. 基本查询、选择查询、参数查询、SQL 查询和操作查询

    C. 多表查询、单表查询、交叉表查询、参数查询和操作查询

    D. 选择查询、统计查询、参数查询、SQL 查询和操作查询

7.3.2 多项选择题

1. 随着计算机技术的发展而发展，数据管理技术一般可分为_____。

    A. 人工管理阶段   B. 文件系统阶段

    C. 数据库系统阶段   D. 面向对象阶段

2. 下列说法正确的是_____。

    A. 数据库避免了一切数据重复

    B. 数据库减少了数据冗余

    C. 数据库数据可被 DBA 认可的用户共享

    D. 控制冗余可确保数据的一致性

3. 对于中小规模的 DBS 的用户有_____。

    A. DBA   B. 系统分析员   C. 应用程序员   D. 最终用户

4. 下面关于数据库基本概念的叙述中，正确的是_____。

    A. DBS 包含了 DBMS   B. DBS 包含了 DB

    C. DBMS 包含了 DBS   D. DBS 包含了 DBMS 和 DB 两者

5. E-R 模型的基本成分包括 _____ 。

    A. 实体   B. 属性   C. 实体联系   D. 键

6. 下面关于关系的叙述中，正确的是_____ 。

    A. 一个关系是一张二维表   B. 二维表一定是关系

    C. 有的二维表不是关系   D. 同一列只能出自同一个域

7. 在 Access 2010 表中，可以定义 3 种主关键字，它们是_____ 。

    A. 单字段   B. 双字段   C. 多字段   D. 自动编号

8. 对于 Access 2010 数据库，在下列数据类型中，可以设置"字段大小"属性的是_____ 。

    A. 文本   B. 数字   C. 备注   D. 自动编号

9. 在 Access 2010 数据库中，下列关于表的说法，错误的是_____ 。

    A. 表中每一列元素必须是相同类型的数据

    B. 表中不可含有图形数据

    C. 表是 Access 数据库对象之一

    D. 一个 Access 数据库只能包含一个表

10. 下列关于查询的说法中，正确的是_____ 。

    A. 可以利用查询来更新数据表中的记录

    B. 在查询设计视图中可以进行查询字段是否显示的设定

    C. 不可以利用查询来删除表中的记录

    D. 在查询设计视图中可以进行查询条件的设定

7.3.3　判断正误题

1. 数据库系统的核心是数据库管理系统。

2. 在数据库系统的 3 个抽象层次结构中，表示用户层数据库的模式称为内模式。

3. 有了外模式/模式映像，可以保证数据和应用程序之间的物理独立性。

4. 在删除查询中，删除过的记录可以用"撤销"命令恢复。

5. 在 Access 2010 数据库中，打开某个数据表后，可以修改该表与其他表之间已经建立的关系。

6. 在 Access 2010 数据库中，查询的数据源只能是表。

7. 如果字段内容为声音文件，则该字段的数据类型应定义为备注。

7.3.4　填空题

1. 学生教学管理系统、图书管理系统都是以_____ 为基础和核心的计算机应用系统。

2. 数据库管理系统常见的数据模型有层次模型、网状模型和_____ 3 种。

3. 在数据库技术中，实体集之间的联系可以是一对一、一对多或多对多的，那么"学生"和"可选课程"的联系为_____ 。

4. 人员基本信息一般包括身份证号、姓名、性别、年龄等，其中可以作为关键字的是_____ 。

5. 在关系数据库中，从关系中找出满足给定条件的记录，该操作可称为_____ 。

6. 关系数据库管理系统能实现的关系的 3 种基本操作包括选择、连接和_____ 。

7. 数据库的完整性包括实体完整性、_____和_____。

8. 实体完整性是指一个表中主关键字的取值必须是确定的、唯一的，不允许为_____。

9. 对数据库系统进行日常维护的数据库管理员简称为_____。

10. 数据模型包括数据结构、数据操作和_____三部分。

11. 数据库是指按照一定的规则存储在计算机中的____的集合，它能被各种用户共享。

12. 在关系数据库中，用来表示实体之间联系的是_____。

13. 关系中的属性或属性组合，其值能够唯一地标识一个元组，该属性或属性组合称为____。

14. 在关系数据库中，把数据表示成二维表，每一个二维表称为_____。

15. 数据库的建立包括数据模式的建立和____数据。

16. 在 Access 2010 中可以定义 3 种关键字，它们是自动编号、_____和多字段。

17. 数据管理技术的发展经历了 3 个阶段：人工管理阶段、文件系统阶段和_____阶段。

18. 数据库用户包括_____、应用系统开发人员和终端用户。

19. _____是数据库中存储的基本对象。

20. 关系中的每一个____都是不可再分的基本数据元素。

21. Access 2010 是一种____型数据库管理系统(RDBMS)，它采用关系模型来组织、存储和管理数据。

22. Access 2010 数据库的主要对象有表、_____、_____、报表、宏和模块 6 种。

23. Access 2010 中使用参照完整性来确保相关表中的记录之间_____的有效性，并且不会因误操作而删除或更改相关数据。

24. _____类型字段存放的是日期、时间或者是日期和时间的组合数据。

25. _____类型字段存放的是逻辑数据或者是只有两个值的字段数据。

26. Access 2010 中创建表的方法包括使用_____创建表、使用数据导入创建表和通过数据表视图创建表。

27. _____对表中的数据提供了逻辑排序，可以提高数据的访问速度。

28. Access 2010 中规定不能对_____类型和备注类型字段创建索引。

7.3.5 简答题

1. 数据管理技术的发展经历了哪几个阶段？各阶段与计算机技术的发展有何关系？
2. 数据库管理系统的功能包括哪几个方面？
3. 数据库系统由哪几部分组成？
4. 数据库系统中有哪几种数据模型？目前最常用的一种数据模型是什么？
5. E-R 方法的三要素是什么？
6. 简述数据库系统结构的三级模式的含义和二级映射的作用。
7. 比较 C/S 模式和 B/S 模式，简述其优缺点。
8. 常见的关系种类有哪 3 种？
9. 主流关系数据库产品有哪些？
10. 关系型数据库系统所采用的关系模型有哪些特点？

11. 名词解释：字段、记录、表、主键、联系。

12. 创建主键和索引的作用是什么？主键的基本类型有哪些？

13. Access 2010 中用于字段定义的数据类型有哪些？

14. Access 2010 导航窗格的作用是什么？

15. 查询的主要功能是什么？

16. 查询与数据表有哪些区别？

17. 表间创建关联关系的前提是什么？

18. 查询的类型有哪 5 种？

19. 报表与窗体最大的区别是什么？

20. Access 2010 主要提供了哪几种创建报表的方法？

7.4 习题参考答案

7.4.1 单项选择题答案

1. C	2. A	3. C	4. C	5. D	6. B
7. B	8. C	9. A	10. B	11. A	12. D
13. B	14. A	15. A	16. B	17. C	18. B
19. D	20. A	21. B	22. A	23. A	24. C
25. B	26. C	27. D	28. C	29. C	30. A

7.4.2 多项选择题答案

1. ABC	2. BCD	3. ACD	4. ABD	5. ABC
6. ACD	7. ACD	8. ABD	9. BD	10. ABD

7.4.3 判断正误题答案

1. √	2. ×	3. ×	4. ×	5. ×	6. ×	7. ×

7.4.4 填空题答案

1. 数据库管理系统	2. 关系模型
3. 多对多	4. 身份证号
5. 选择	6. 投影
7. 参照完整性　用户自定义完整性	8. 空值
9. DBA	10. 数据的完整性约束
11. 数据	12. 二维表格
13. 主键	14. 一个关系
15. 输入	16. 单字段
17. 数据库系统	18. 数据库管理员

19. 数据	20. 属性
21. 关系	22. 查询　窗体
23. 关系	24. 日期/时间
25. 是/否	26. 设计视图
27. 索引	28. OLE 对象

7.4.5　简答题答案

(答案略。)

7.5　上机实验练习

7.5.1　实验一　创建数据库

一、实验目的

熟练掌握创建数据库的两种方法：①使用样本模板创建数据库；②创建空白数据库。

二、实验内容

1. 利用本机上的"学生"数据库模板创建一个名为 studentdb.accdb 的数据库，存放在 E:\mydata 中(该文件夹应该先行创建)。

2. 创建一个名为 mydb.accdb 的空白数据库，存放在 E:\mydata 中。

3. 比较前两题创建的数据库有什么不同。

7.5.2　实验二　创建数据表

一、实验目的

熟练掌握创建表的 3 种方法：①设计视图创建表；②数据导入创建表；③数据表视图创建表。熟练掌握表结构的修改、主键的创建、数据表的保存和记录的添加等操作。

二、实验内容

1. 创建一个名为 xsgl 的数据库，存放在 E:\mydata 中。

2. 在数据库 xsgl 中，利用设计视图创建表，该表应符合以下条件。

(1) 表名为 xs(学生基本情况表)。

(2) 表中各个字段的定义如表 7-1 所示。

(3) 向表 xs 中增加一个名为 rxsj 的字段，用来存放学生的"入学时间"，数据类型为日期/时间型，并且该字段是必填字段。

(4) 创建 xh 为主键。

(5) 保存表结构，表名为 xs。

(6) 在表中填入数据(记录)。

表 7-1 各字段的定义

字 段 名 称	数 据 类 型	字 段 大 小	是否必填字段	备 注
xh	文本	9	是	学号
xm	文本	8	是	姓名
xb	文本	2	否	性别
csrq	日期/时间		否	出生日期
dyf	是/否		否	党员否
rxcj	数字	整型	是	入学成绩
jl	备注		否	简历
zp	OLE 对象		否	照片

3. 在数据库 xsgl 中，通过数据导入创建表，导入一张"课程"的 Excel 工作表。

(1) 先在 Excel 表中输入如表 7-2 所示"课程"表的内容。

表 7-2 "课程"表中的数据

开 课 序 号	课 程 名 称	学 时 数	学 分 数	课 程 类 别
0626050	数据库原理及应用	64	4	基础课
0670009	高等数学 1	64	4	基础课
0690051	计算机科学导论	48	3	基础课
0690252	大学物理 1	48	3	基础课
1075201	Matlab 程序设计	48	3	专业课

(2) 在 Access 2010 中用"导入数据表向导"导入数据。

(3) 在"导入数据表向导"中将"开课序号"作为主键，将表命名为 course。

4. 通过数据表视图创建一个名为 student 的表，数据如表 7-3 所示。

表 7-3 student 表中的数据

学 号	姓 名	性 别	年 龄	专 业	家 庭 住 址
201009412	庄小燕	女	24	计算机	上海市中山北路 12 号
201009415	洪波	男	25	计算机	青岛市解放路 105 号
201109102	肖辉	男	23	计算机	杭州市凤起路 111 号
201109103	柳嫣红	女	22	计算机	上海市邯郸路 1066 号
201307121	张正正	男	20	应用数学	上海市延安路 123 号
201307122	李丽	女	21	应用数学	杭州市解放路 56 号

7.5.3 实验三 数据表中数据的操作

一、实验目的

熟练掌握输入表数据、修改表数据、删除表数据、记录的查找与替换、记录的排序和筛选等操作。

二、实验内容

1. 在表 student 中添加一条新记录。
2. 修改表 student 中的第 2 条记录的数据。
3. 删除表 student 中的第 3 条记录。
4. 查找"计算机"并替换为"计算机技术和应用"。
5. 按"性别"升序排序。
6. 筛选显示"性别"为"女"的记录。

7.5.4 实验四 建立表间的关联关系

一、实验目的

熟悉创建和删除索引的方法。了解各种索引的区别和作用，以及为什么索引能提高表数据的访问性能。

了解表间关联关系的类型。熟悉建立表间关联关系的方法。

二、实验内容

1. 在数据库 xsgl 中创建以下表。
(1) 表名为 kc(课程情况表)。
(2) 表中各个字段的定义如表 7-4 所示。

表 7-4　各字段的定义

字 段 名 称	数 据 类 型	长　　度	是否必填字段	备　　注
kch	文本	4	是	课程号
kcm	文本	20	否	课程名
xss	数字	整型	否	学时数
xf	数字	整型	否	学分

(3) 在表 kc 上创建基于字段 kch 的升序索引，并设置其为主索引和唯一索引。
2. 在数据库 xsgl 中创建以下表。
(1) 表名为 xk(学生选课情况表)。
(2) 表中各个字段的定义如表 7-5 所示。
(3) 在表 xk 上创建基于字段 kch 的升序索引和基于字段 xh 的升序索引(两个都是普通索引)。

表 7-5　各字段的定义

字 段 名 称	数 据 类 型	字 段 大 小	是否必填字段	备　注
xh	文本	9	是	学号
kch	文本	4	是	课程号
cj	数字	整型	否	成绩

3. 创建表 xs、kc 和 xk 之间的关联关系。

7.5.5　实验五　创建查询

一、实验目的

熟悉掌握创建查询的两种方法。

(1) 利用"简单查询向导"创建查询。

(2) 使用设计视图创建查询。

二、实验内容

1. 利用"简单查询向导"在表 xs 上创建一个名为 xscx 的查询,要求显示学生的学号、姓名、性别和入学成绩。

2. 使用设计视图在表 xs 上创建一个名为 xbcjcx 的查询,要求检索出所有入学成绩在 480 分以上(包括 480 分)的男生的学号、姓名、性别和入学成绩。

第 8 章

微机的组装与维护

8.1 基本知识点

1. 微机的基本配置

(1) 微机系统的组成结构

微机系统由硬件系统和软件系统两部分组成。计算机的硬件系统是指构成计算机的所有实体部件的集合，通常这些部件由电子元件、机械构件等物理部件组成。计算机系统的功能和性能很大程度上受到软件的影响，微机配置的基本软件有操作系统、办公软件、杀毒软件、多媒体播放器等。

(2) CPU

CPU 的性能指标有：字长、核心数、CPU 频率、工作电压、快速缓存、支持的扩展指令集、生产工艺技术等。CPU 的插座规范可分为 Socket 和 Slot 两大架构。目前市面上的 CPU 以 Intel 和 AMD 的为主。

(3) 主板

主板是微机的"心脏"。主板可分为整合型主板和非整合型主板。构成主板电路的核心是主板芯片组，其他组成还有：CPU 插座、内存插槽、硬盘和光驱插槽、PCI 插槽、PCI-E 插槽、ATX 电源插口、基本输入/输出系统(BIOS)、后面板 I/O 接口、系统控制面板插针(前面板控制和指示接口)、CMOS 芯片、CMOS 芯片电源。

(4) 内存

微机中的动态存储器主要采用同步动态存储器 SDRAM(Synchronous Dynamic RAM)和双速率 DDR SDRAM(Double Data Rate SDRAM)内存储器。RDRAM(Rambus DRAM)是另一种性能更高、速度更快的内存。

(5) 显卡

显卡和 CPU 一样在硬件系统中占有举足轻重的地位。图形处理芯片是显卡的最主要部件。决定显卡品质的因素主要有以下几点：显卡的品牌、种类、封装方式、速度和带宽。

(6) 显示器

显示器是微机最基本的，也是必配的输出设备。现在有 CRT(阴极射线管显示器)、LCD(液晶显示器)和 POP(等离子显示器)3 种类型的显示器。常用的是 LCD。

显示器的主要性能指标有：点距、像素和分辨率、刷新频率、显示器尺寸与显示面积、显示器的环保性能。

(7) 其他外设

其他外设包括：硬盘驱动器和光盘驱动器、机箱、声卡等。

2. 微机硬件的组装

(1) 准备工作

安装前的准备工作：选择一个合适的操作台；准备好各种应用工具；厂家的使用手册及驱动程序；要注意的一些事项；阅读主板说明书。

(2) 主机安装

① 安装 CPU

② 安装内存

③ 安装主板

④ 安装显卡、声卡等扩展卡

⑤ 安装硬盘

⑥ 安装光驱

⑦ 电源及前面板的连接

(3) 主机与外设的连接

① 鼠标、键盘的连接

② 显示器的连接

③ 声卡与音箱

④ 主机电源的连接

(4) 通电初检

连接主机电源，若一切正常，系统将进行自检并报告显卡型号、CPU 型号、内存数量和系统初始情况等。如果开机之后不能显示、死机，说明系统不能正常工作，应根据故障现象查找故障原因。检查的方法一般可采用"拔插法"。

(5) 拷机

拷机是让机器连续运行一段较长的时间，可以对整机的稳定性以及各个配件之间的兼容性进行检测。

3. 主机配置和运行环境的设置(BIOS)

(1) 了解微机的 BIOS 和 CMOS

BIOS 是只读存储器基本输入/输出系统的英文简写，它实际上是被固化到计算机中的一组程序，为计算机提供最低级的、最直接的硬件控制。CMOS 是互补金属氧化物半导体的英文缩写。其本意是指制造大规模集成电路芯片用的一种技术或用这种技术制造出来的芯片。在这里，通常是指微机主板上的一块可读写的 RAM 芯片。

(2) BIOS 的功能

① 自检及初始化

这部分负责启动计算机，具体包含 3 个部分。第一个部分是计算机刚接通电源时对硬件部分的检测，也称为加电自检(POST)，功能是检查计算机是否运行良好。第二个部分是初始化，包括创建中断向量、设置寄存器、对一些外设进行初始化和检测等，其中很重要的一部分是 BIOS 设置，主要是指对硬件设置的一些参数。最后一个部分是引导程序，功能是引导 DOS 或其他操作系统。

② 程序服务处理和硬件中断处理

程序服务处理主要是为应用程序和操作系统服务，这些服务主要与输入输出设备有关，如读磁盘、文件输出到打印机等。

BIOS 的服务功能是通过调用中断服务程序来实现的，这些服务分为很多组，每组有一个专门的中断。每一组又根据具体功能细分为不同的服务号。应用程序需要使用哪些外设、进行什么操作只需要在程序中用相应的指令说明即可，无须直接控制。

(3) 主板的 BIOS 设置

微机上常见的 BIOS 主要有 Award BIOS、AMI BIOS、Phoenix 和 MR BIOS 这 4 种。其中前两种较为常见。进入 BIOS 设置程序的方法是：计算机加电后，系统将会开始 POST(加电自检)过程，按 Del 键或同时按下 Ctrl+Alt+Esc 组合键。

BIOS 设置的内容包括：标准 CMOS 设定；高级 BIOS 特性设置；高级芯片组特征；电源管理设置；PNP/PCI 配置；集成外设端口设置；PC 健康状态；频率和电压控制；设定管理员/用户密码；载入故障安全/优化默认值；保存/退出设置。

4. 微机软件的安装

一台新计算机安装软件的过程大致如下。

(1) 硬盘分区

硬盘在使用前一般都要进行工作区划分，把一个物理空间分成若干个逻辑空间，并给每个逻辑空间分配一个逻辑盘号，如 C 盘、D 盘等，这样有利于文件的管理。

(2) 格式化硬盘

硬盘分区后，必须对硬盘进行高级格式化操作，这样硬盘才能正常使用并启动系统。格式化硬盘可以通过 Windows 操作系统中的磁盘工具完成。

(3) Windows 操作系统的安装

(4) 常用硬件驱动程序的安装

驱动程序(Device Driver)全称为"设备驱动程序"，是一种可以使计算机和设备进行通信的特殊程序。它相当于硬件的接口，操作系统通过这个接口才能控制硬件设备的工作。

① 安装主板驱动程序

② 安装声卡、显卡、网卡等外设的驱动程序

安装驱动程序常用两种方法：一种是直接执行驱动程序的 Setup 或 Install 文件完成安装；另一种是手动安装。

5. 微机的常见故障及处理

(1) 计算机的日常保养

① 计算机对环境的要求：温度在常温环境下，即 10 到 45 度(摄氏)。湿度在 30%到 80%的相对湿度环境下。计算机应该在一个相对干净的环境中运行。电磁干扰要少。计算机在工作时，应有良好的地线保护。

② 计算机的操作与使用注意事项：不要频繁地开关机；每隔一定时间(如半年)应对计算机进行清洁处理；最好不要在计算机附近吸烟或吃东西；在增、删计算机的硬件设备时，必须要断掉与电源的连接并确保在身体不带静电时，才可进行操作；计算机在加电之后，不应随意地移动和振动计算机。

③ 保护好硬盘及其上的数据。

(2) 常见故障的分析及解决

微机发生的故障 70%是软件故障。一旦微机发生故障，首先要考虑是否是软件故障，而在软件发生故障时首先应考虑是否由病毒导致，消除病毒并证实软件没有问题后，再查找硬件故障。

常见故障有：机器启动失败故障；蓝屏死机故障；硬盘常见故障；主板常见故障；内存常见故障。

8.2　重点与难点

1. 重点

(1) 微机各部件的性能、类型、选购。
(2) 微机的硬件连接方法。
(3) BIOS 设置。
(4) 硬盘分区方法。
(5) 硬件设备的安装。

2. 难点

故障分析及处理。

8.3　习　　题

8.3.1　填空题

1. 在计算机系统中，CPU 起着主要作用，而在主板系统中，起重要作用的则是主板上的_____。
2. CPU 的主频等于_____乘以_____。

3. 机箱前面板信号线的连接，HDD LED 是指_____，RESET 是指_____。

4. 在拆装微机的器件之前，应该释放掉手上的_____。

5. 显存的种类主要有_____、_____和_____3 种。

6. 现在显示器市场常见的安全认证有 TCO92、TCO95、TCO99 和 MPRII，从认证的等级和全面性来看，_____是最高级的认证。

7. 决定硬盘速度的最主要因素是_____。

8. 笔记本电脑中的 WiFi 是指_____。

9. 在早期的计算机中，硬盘与主板的数据线连接采用_____接口，当前的接口标准为_____。

10. 目前最常见的文件分配表是 FAT16、FAT32 和_____。

11. _____是一种可以使计算机和设备进行通信的特殊程序。

12. _____是从一个网络设备(如计算机)连接到另一个网络设备传递信息的介质，是网络的基本构件。

13. 双绞线分为_____和_____两种。

14. 要排除故障并进入 Windows 的高级启动选项，应按_____键。

15. 对一些因安装了新软件或设置而引起的冲突可进入_____模式进行排除。

16. 目前使用的内存类型主要是_____。

17. 安装计算机前一定要将身上的_____释放，否则会对计算机中的电子元件造成损害。

18. CRT 显示器中，_____指屏幕上像素的数目；完成一帧所花时间的倒数叫垂直扫描频率，也叫_____。

19. Intel 系列的 CPU，主频=_____×_____。

20. 安装操作系统时，CMOS 中的 virus warning 应设置为_____，否则安装过程中会出现_____的现象。

21. 世界上最主要的两家 CPU 生产厂家是_____和_____。

22. CPU 插座有_____、_____及_____等几种。

23. ATX 架构的主板背面有 USB、____、____、____、____接口。

24. 在系统启动过程中按_____键可进入 CMOS 设置程序。

25. Security Option 安全设置选项可设置为____或____。

26. 硬盘的访问方式可设置为 Normal、Large 或 LBA 模式，当硬盘的容量超过 512MB 时，应选择____较合适。

27. ATX 主板电源接口插座为双排____针。

8.3.2　判断正误题

1. Intel 芯片组的主板不可以搭配 AMD 的 CPU。

2. 在资源管理器中，显示有 C:、D:、E:及 F:驱动器，其中 F:是光盘驱动器，可以断定，机器中安装了 3 个硬盘。

3. 双核 CPU 是指计算机中有两个 CPU。

4. AT、ATX 电源都支持软关机。

5. DDR1、DDR2、DDR3 这三种内存的规格不同，不能相互兼容。

6. 新购的硬盘一般先分区之后才能使用。

7. BIOS 是 Basic I/O System 的简称，BIOS 控制着主板的一些最基本的输入和输出。另外，BIOS 还要完成计算机开机时的自检，通常称为 POST(Power On System Test)。

8. Cache 的设置影响机器运行的稳定性。

9. "FDD Controller Failure" 表示硬盘控制器失效。

10. 显示器屏幕刷新速度越快，需要的显存越大。

11. USB 接口设备可以带电插拔。

12. NTFS 文件系统比 FAT 32 文件系统更能节省硬盘空间。

13. BIOS 芯片是一块可读写的 RAM 芯片，由主板上的电池供电，关机后其中的信息也不会丢失。

14. SDRAM 内存的性能优于 DDR 内存的性能。

15. 为了保证计算机能够长期正常工作，必须有较好的使用环境，其中包括供电环境、湿度、温度、洁净度、亮度、振动与噪音等。

8.3.3　简答题

1. 当前 Intel CPU 的型号主要有酷睿 i3、酷睿 i5、酷睿 i7，请问它们的生产工艺如何，相比于以前的双核 CPU 主要有什么不同？

2. 一块主板的 CPU 插槽为 LGA 775，现有酷睿 2 E7500、酷睿 i3 2100、AMD 羿龙 II 几种 CPU 芯片，能够安装哪几种？

3. 简述计算机主板的基本组成部分。

4. ATX 主板与 AT 主板相比，在哪些方面有较大变化？

5. 内部频率、外部频率、总线频率之间有什么区别和联系？

6. 说明 BIOS 与 CMOS 的关系。

7. 找一块主板，说明它的 CPU 架构和结构，找出上面的 BIOS 芯片、芯片组、CMOS 芯片，并根据其芯片组型号说明主板的主要性能指标。

8. 研究某一具体主板的结构、功能，通过看主板说明书，了解主板的物理结构及逻辑特性，如芯片组、总线、跳线、支持的 CPU 等。

9. PC 微机的最小配置有哪几部分？

10. 怎样得出的计算机性能指标才是可信的？

11. 组装、拆装计算机时的注意事项有哪些？

12. 选择主板时，主板与 CPU 有什么关系？

13. 选购计算机时是否应该挑选性能最佳的计算机？

14. 某硬盘的柱面数是 1024，磁头数是 128，扇区数是 63，该硬盘容量是多少 GB？

15. 计算机显存的作用是什么？

16. 选购计算机后为什么要拷机？

17. 主板驱动程序的作用有哪些？

18. 一台新计算机安装软件的主要过程是什么？

19. 安装驱动程序的常用方法有哪几种？

20. 什么是 BIOS，什么是 CMOS，两者有何区别？

21. 计算机启动时依照 BIOS 的内容主要完成哪些功能？

22. 怎样消除 BIOS 中的开机口令？

23. 简述微机的组装过程。

24. 在 CPU 和主存之间设置缓存的目的是什么？

25. 如果在打字时经常出现按下一个键，却键入了两个甚至三个字母，那么应该调整 CMOS 中的哪一项设置？

26. 微机中有哪些地方用到缓存的原理来提高速度？

27. 主板上的并行接口已坏，应该怎样处理？

28. ALL_IN_ONE 主板上的显示器接口已坏，应该怎样处理？

29. 怎样正确连接微机中的数据信号线？

30. 屏幕上出现下面的提示信息表示什么，应该怎样处理？

General reading error in drive d:

Abort，Retry，Fail?

31. 按总线类型区分，显卡分为哪几种，按显示速度从快到慢的顺序排列出来。

32. 一台微机开机后软驱指示灯一直亮，是什么原因造成的？应如何解决？

33. 某些设备前面带有黄色的"！"号或"?"号，各表示什么含义？

34. 系统中原有一个硬盘，现要加装一个硬盘，如果两个硬盘共用一条信号电缆，该如何设置？如果两个硬盘分别使用各自的信号电缆，又应如何设置？

35. 硬盘不能引导的故障应如何排除？

8.4 习题参考答案

8.4.1 填空题答案

1. 芯片组
2. 倍频　外频
3. 硬盘灯　复位开关
4. 静电
5. SDRAM　DDR SDRAM　DDR SGRAM
6. TCO99
7. 转速
8. 无线宽带或无线网络
9. IDE　SATA
10. NTFS
11. 驱动程序
12. 网线
13. 屏蔽　非屏蔽
14. F8
15. 安全
16. DDR
17. 静电
18. 分辨率　刷新频率
19. 倍频　外频
20. Disabled　无法安装
21. Intel　AMD
22. Socket 型　Slot 型　Super 型
23. 鼠标　键盘　串行口　并行口
24. Del

25. SETUP SYSTEM 26. LBA
27. 20

8.4.2 判断正误题答案

1. √ 2. × 3. × 4. × 5. √
6. √ 7. √ 8. × 9. × 10. ×
11. × 12. √ 13. × 14. × 15. √

8.4.3 简答题答案

1. Intel 酷睿 i 系列的 CPU 当前的制作工艺已达到了 32 纳米级，与以前的双核 CPU 如酷睿 2 双核 E7500 相比，最主要的区别是 CPU 内部总线结构的不同，也就是核心代号不一样。

2. 如果 CPU 插座为 LGA 775，则 Intel 的酷睿 2 系列的 CPU 均可以安装，但不能安装酷睿 i 系列的 CPU；AMD 的 CPU 由于封装方式不同，不能安装于 LGA 775 插槽上。

3. 主要有：BIOS 芯片、I/O 控制芯片、键盘接口、鼠标接口、面板控制开关接口、指示灯插件、扩展槽、主板即插卡的直流电源供电插座。

4. AT 电源有自己独立的电源开关，其连线接到机箱前面板的电源开关按钮上。该电源主要输出 12V 和 5V 直流电压。ATX 电源支持先进的电源管理规范，它可以在 Windows 操作系统中执行"关机"命令后，将电源自动关闭，无须再另行关闭电源开关，因此 ATX 电源没有独立的电源开关。ATX 电源除输出 12V 和 5V 电压外，还提供 3V 电压，分别提供给不同的部件和设备使用。

5. 内部频率指 CPU 的工作频率。外部频率与总线频率都是指总线工作时的频率，是一个概念的两种称呼。内部频率等于外部频率与倍频的乘积。

6. BIOS 中的系统设置程序是完成 CMOS 参数设置的手段；CMOS RAM 既是 BIOS 设定系统参数的存放场所，又是 BIOS 设定系统参数的结果。

7. 略。

8. 略。

9. PC 机的最小配置有：主板、CPU、内存、显卡、硬盘、机箱、显示器、键盘、鼠标、操作系统。

10. 用可信的测试程序进行测试。

11. 注意事项如下。

(1) 在进行部件的连接时，一定要注意插头、插座的方向，一般它们都有防误插设施，如缺口、全角等。安装时要注意观察，避免出错。

(2) 在拔插器件、板卡时，要注意用力均匀，不要"粗暴"操作，但插接的插头、插座一定要到位，以保证接触可靠。不要抓住线缆拔插头，以免损伤线缆。

(3) 防止静电的危害。由于计算机中的器件大都是比较精密的电子集成电路，静电往往会对其造成损害。在安装前先消除身体上的静电，如用手摸一下水管、暖气管等接地良好的物体。如果条件允许，最好佩戴防静电环。

(4) 在安装或拆卸任何部件前，务必先关掉电源，若是 ATX 电源，则最好先拔出电源插头。

(5) 在拆卸过程中，要认真做好记录，关键接插点要做好标记以便装回时使用。

12. 选择主板时，主板 CPU 插座的型号一定要与所使用的 CPU 架构相一致。

13. 不一定。计算机的选购应根据此计算机将来的主要用途为依据，重点关注某一部件的性能，综合考虑性价比，选择一款最适合自己的计算机。

14. 容量为 1024×128×63×512/(1024×1024)=4000GB。

15. 显存是显卡上的关键部件，是用来存储显卡 GPU(图形处理单元)所处理过或者将提取的渲染数据。

16. 拷机是让机器连续地运行一段较长的时间，可以对整机的稳定性以及各个配件之间的兼容性进行检测。对于品牌机来说，拷机则是一个必不可少的过程，在近乎残酷的环境下对机器进行高温老化测试，可以将各种质量问题消灭在出厂之前。对于每一个喜欢自己攒机的人来说，十分有必要认真做好这一步工作。

17. 主板驱动程序的作用主要有两点：一是让操作系统正确识别新推出的主板芯片组以充分利用；二是让操作系统支持新款芯片组所支持的新技术。

18. 一台新计算机安装软件的过程大致如下。

(1)硬盘分区；(2)硬盘各区高级格式化；(3)安装操作系统；(4)安装各硬件的驱动程序；(5)安装应用程序。

19. 安装驱动程序的方法有：直接执行驱动程序完成安装；手动安装。

20. BIOS，完整地说应该是 ROM-BIOS，是只读存储器基本输入/输出系统的简写，它实际上是被固化到计算机中的一组程序，为计算机提供最低级的、最直接的硬件控制。准确地说，BIOS 是硬件与软件程序之间的一个"转换器"或者说是接口(虽然它本身也只是一个程序)，负责解决硬件的即时需求，并按软件对硬件的操作要求具体执行。

CMOS 是互补金属氧化物半导体的缩写。其本意是指制造大规模集成电路芯片用的一种技术或用这种技术制造出来的芯片。在这里，通常是指微机主板上的一块可读写的 RAM 芯片。它存储了微机系统的时钟信息和硬件配置信息等，共计 128 个字节。系统在加电引导机器时，要读取 CMOS 信息，用来初始化机器各个部件的状态。它靠系统电源和后备电池来供电，系统掉电后其信息不会丢失。

由于 CMOS 与 BIOS 都与微机系统设置密切相关，所以才有 CMOS 设置和 BIOS 设置的说法。CMOS RAM 是系统参数存放的地方，而 BIOS 中系统设置程序是完成参数设置的手段。因此，准确的说法应是通过 BIOS 设置程序对 CMOS 参数进行设置。而人们平常所说的 CMOS 设置和 BIOS 设置是其简化说法，也就在一定程度上造成了两个概念的混淆。

21. (1)自检及初始化；(2)程序服务处理和硬件中断处理。

22. 切断电源，打开机箱，在 BIOS 芯片的旁边有一跳线设置，拔出后插入放电位置，片刻后重新插回原位置。

23. 微机组装的核心是主机部分的组装，无论采用立式机箱还是卧式机箱，其组装方法基本相同，组装步骤如下。

(1) 摆放好全部配件，清理工作台面，将螺丝等小零件存放在容器内。

(2) 准备好机箱，打开机箱盖，检查并装好电源。

(3) 在主板上装好 CPU 芯片，对于需要安装风扇的 CPU 芯片，则要将风扇安装好。

(4) 在主板上装好内存。

(5) 将主板跳线按说明书及实际配置接好。

(6) 将主板固定在机箱中。

(7) 将机箱电源电缆连接到主板上。

(8) 将机箱面板上的各种开关、指示灯接线连接到主板上的相应跳线插针上，连接好 CPU 风扇的电源线。

(9) 安装硬盘、光驱和软驱到机箱支架上。

(10) 连接软驱、硬盘和光驱的电源线插头。

(11) 连接软驱接口、IDE 接口与软驱、硬盘、光驱之间的扁平信号电缆。

(12) 安装显卡到主板上。

(13) 安装声卡、Modem 卡、网卡到主板上(可选设备)。

(14) 连接串行、并行接口插件连线(ATX 结构无须进行此步骤)。

(15) 连接显示器的信号线和电源线。

(16) 分别连接键盘和鼠标到键盘接口和鼠标接口(PS/2)上。

(17) 进行通电前的安全检查，确认一切操作无误后，清除机箱内和工作台区域内多余的物品和工具等。

(18) 将主机的电源线插到交流电源插座上。

(19) 开机调试。

(20) BIOS 设置。

(21) 硬盘分区。

(22) 安装操作系统。

(23) 安装设备驱动程序。

(24) 安装应用软件。

24. 主存与 CPU 之间的缓存主要使 CPU 与主存的速度匹配。

25. 调整 CMOS 中的 Typematic Rate Setting(键入速率设定)。

26. CPU 中的缓存，CPU 与内存之间的缓存，接口卡上的缓存等。

27. 可以另插入一块多功能卡。

28. 在主板的显卡插槽中插入一块与此主板显卡接口标准相符的显卡(当前一般为 PCI-E 型显卡)，并且在 BIOS 设置中关闭主板显示芯片的功能，启用外插显卡输出。

29. 注意防差错设施，注意数据线的红边要对应接口或设备的 1 号位置，软驱接线中的反绞端要接软驱。

30. D 盘有误，可以对 D 盘进行磁盘扫描，如果还不能修复，只能重新格式化 D 盘。

31. AGP、PCI、EISA、ISA 等。

32. 可能是软驱数据线接反了。解决方法是：关闭电源，调整过来。

33. "！"表示驱动程序有误，"？"表示该设备不能被识别。

34. 如是共用一条信号电缆，则要把原来的硬盘设置为主硬盘，第二个硬盘设置为从属硬盘。如果分别使用各自的信号电缆，则都设置为主硬盘。

35. 硬盘的常见故障及处理方法如下。

(1) 系统不能识别硬盘

系统从硬盘无法启动，从 A 盘启动也无法进入 C 盘，使用 CMOS 中的自动监测功能也无法发现硬盘的存在。这种故障大都出现在连接电缆或 IDE 端口上，硬盘本身故障的可能性不大，通过重新插接硬盘电缆或者改换 IDE 接口及电缆等进行替换试验，很快就会发现故障的所在。如果新接上的硬盘也不被接受，一个常见的原因就是硬盘上的主从跳线存在问题。如果一条 IDE 硬盘线上接两个硬盘设备，就要分清楚主、从关系。

(2) CMOS 引起的故障

CMOS 中硬盘类型的正确与否直接影响硬盘的正常使用。现在的机器都支持 IDE Auto Detect 的功能，可自动检测硬盘的类型。当硬盘类型错误时，有时干脆无法启动系统，有时能够启动，但会发生读写错误。比如 CMOS 中的硬盘类型小于实际的硬盘容量，则硬盘后面的扇区将无法读写，如果是多分区状态，则个别分区将丢失。还有一个重要的故障原因，由于目前的 IDE 都支持逻辑参数类型，硬盘可采用 Normal、LBA、Large 等，如果在一种模式下安装了数据，而又在 CMOS 中改为其他模式，则会发生硬盘的读写错误故障，因为其映射关系的改变，导致无法正确读取原来的硬盘位置。

(3) 主引导程序引起的启动故障

主引导程序位于硬盘的主引导扇区，主要用于检测硬盘分区的正确性，并确定活动分区，负责把引导权移交给活动分区的 DOS 或其他操作系统。此段程序损坏后将无法从硬盘引导，但从软驱或光驱启动之后可对硬盘进行读写。修复此故障的方法较为简单，使用高版本 DOS 的 FDISK 最为方便。当带参数/mbt 运行时，将直接更换(重写)硬盘的主引导程序。实际上硬盘的主引导扇区正是此程序建立的，FDISK.EXE 之中包含有完整的硬盘主引导程序。虽然 DOS 版本不断更新，但硬盘的主引导程序一直没有变化，从 DOS 3.x 到 Windows 98 的 DOS，只要找到一种 DOS 引导盘启动系统并运行此程序即可修复。

(4) 分区表错误引发的启动故障

分区表错误是硬盘的严重错误，不同的错误程度会造成不同的损失。如果没有活动分区标志，则计算机无法启动。但从软驱或光驱引导系统后可对硬盘进行读写，可通过 FDISK 重置活动分区进行修复。

如果是某一分区类型错误，可造成某一分区的丢失。分区表的第 4 个字节为分区类型值，正常的可引导的大于 32MB 的基本 DOS 分区值为 06，而扩展的 DOS 分区值是 05。很多人利用此类型值实现单个分区的加密技术，恢复原来的正确类型值即可使该分区恢复正常。

分区表中还包含其他用于记录分区起始或终止地址的数据。这些数据的损坏将造成该分区的混乱或丢失，可采用的修复方法是用备份的分区表数据重新写回分区表数据，或者从其他的相同类型并且分区状况相同的硬盘上获取分区表数据。

恢复工具可采用 NU 等工具软件，其操作非常方便。当然也可采用 DEBUG 进行恢复操作，但其操作烦琐并且具有一定的风险。

(5) 分区有效标志错误的故障

在硬盘主引导扇区中还存在一个重要的部分，那就是其最后的两个字节："55aa"，此字节为扇区的有效标志。当从硬盘、软盘或光盘启动时，将检测这两个字节，如果存在则认为有硬盘存在，否则将认为硬盘不存在。此处可用于整个硬盘的加密技术，可采用 DEBUG 方法进行恢复处理。另外，当 DOS 引导扇区无引导标志时，系统启动将显示为"Missing Operating System"。此时可以使用下面的 DOS 系统通用的修复方法。

(6) DOS 引导系统引起的启动故障

DOS 引导系统主要由 DOS 引导扇区和 DOS 系统文件组成。系统文件主要包括 IO.SYS、MSDOS.SYS 和 COMMAND.COM。DOS 引导出错时，可从软盘或光盘引导系统后使用 SYS C：命令传送系统，即可修复故障，包括引导扇区及系统文件都可自动修复到正常状态。

(7) FAT 表引起的读写故障

FAT 表记录着硬盘数据的存储地址，每一个文件都有一组 FAT 链指定其存放的簇地址。FAT 表的损坏意味着文件内容的丢失。庆幸的是 DOS 系统本身提供了两个 FAT 表，如果目前使用的 FAT 表损坏，可用第二个进行覆盖修复。但由于不同规格的磁盘其 FAT 表的长度及第二个 FAT 表的地址是不固定的，所以修复时必须查找其正确位置。一些工具软件(如 NU 等)本身具有这样的修复功能，使用起来也非常方便。采用 DEBUG 也可实现这种操作，即采用其 m 命令把第二个 FAT 表移到第一个表处即可。如果第二个 FAT 表也损坏了，则无法将硬盘恢复到原来的状态，但文件的数据仍然存放在硬盘的数据区中，可采用 CHKDSK 或 SCANDISK 命令进行修复，最终得到*.CHK 文件，这便是丢失 FAT 链的扇区数据文件。如果是文本文件，则可从中提取出完整的或部分的文件内容。

(8) 目录表损坏引起的引导故障

目录表记录着硬盘中文件的文件名等数据，其中最重要的一项是该文件的起始簇号。目录表由于没有自动备份功能，因此如果目录损坏将丢失大量的文件。一种减少损失的方法是采用 CHKDSK 或 SCANDISK 程序恢复的方法，从硬盘中搜索出*.CHK 文件，由于目录表损坏时仅是首簇号丢失，因此每一个*.CHK 文件即是一个完整的文件。将其改为原来的名字即可恢复大多数文件。

(9) 误格式化硬盘数据的恢复

在 DOS 高版本状态下，FORMAT 格式化操作在默认状态下都建立了用于恢复格式化的磁盘信息，实际上是把磁盘的 DOS 引导扇区、FAT 分区表及目录表的所有内容都复制到了磁盘的最后几个扇区中(因为后面的扇区很少使用)，而数据区中的内容根本没有改变。这样通过运行 UNFORMAT 命令即可恢复。另外，DOS 还提供了一个 mirror 命令，该命令用子目录备份当前磁盘的信息，供格式化或删除之后的恢复使用，此方法也比较有效。

8.5 上机实验练习

8.5.1 实验一 主机的安装与连接

一、实验目的

1. 了解主板的整体布局、总线类型及各种接口的名称和使用方法。
2. 掌握 CPU 的识别及安装方法，了解 CPU 与主板的匹配情况。
3. 掌握内存的识别及安装方法。
4. 学会读主板说明书并能根据说明书进行主板设置，学会主板的固定方法，掌握主板的跳线方法，掌握主板电源电缆的连接方法。
5. 掌握机箱接插件的连接方法。
6. 掌握软盘驱动器、硬盘、光驱及串/并行接口的安装和连接方法。
7. 认识常用的适配卡，如显卡、声卡，掌握适配卡的安装和固定，学会声卡与光驱音频线的连接。

二、实验器材

主板一块，主板说明书一本，CPU 一块，CPU 风扇一只，内存数条，机箱一个，软盘驱动器一个，硬盘一块(根据机箱情况选择硬盘固定架)，光驱一个、软驱电缆一根、硬盘电缆两根，串、并行接口插件一套(ATX 机箱不需要)，以及其他的一些必备工具。

三、实验内容

1. CPU、内存的安装及主板跳线的设置

(1) 取出 CPU，观察其标注，记录其生产厂家、型号、主频、外频、倍频、供电电压等数据(如标注为 Pentium II/450，则厂家为 Intel、型号为奔腾二型、频率为 450MHz、外频为 100MHz、倍频为 4.5、电压为 2.0V)，如果 CPU 本身没有风扇(如赛扬、K6、MII 等)，要准备好 CPU 风扇。

(2) 取出主板，观察主板的组成及布局。分清主板类型(Socket 7、Super 7、Socket 370、Slot 1 或其他)、总线类型，认识 BIOS、CMOS、KBBIOS、晶振、芯片组等部件，明确该主板应如何配置 CPU 及内存。

(3) 对 ZIP 架构主板，找出主板上的 CPU 插座，将 ZIP 插座的扳手扳起，将 CPU 对准插座的方位轻轻插入插座，确保 CPU 所有的针脚都插入插座后，一手按住 CPU，一手将 ZIP 插座扳手扳下(扳下扳手时如果比较吃力，不能硬扳，应松开扳手，将 CPU 从插座上取下，重新安放后再扳)。

现在的 CPU(如酷睿 i 系列)都是触点式 CPU，压杆之外多了一个扣盖(保护盖)。安装前先用力下压、侧移压杆，打开压杆后才能打开扣盖，利用插槽和 CPU 上的凹凸点来确定处理器的安放位置；CPU 安放到主板 CPU 槽内就不能再移动了，CPU 的触点很容易因位移而受损；将主板口盖轻扣在处理器上，然后，食指将压杆压倒在初始位置，CPU 即安装完成。

(4) 安装 DDR 内存。将内存缺口一端与主板内存插槽有突起斜面的一端对齐,斜放于槽中,然后水平推动内存,使内存插槽上的卡子将内存卡紧,注意观察内存是否与插槽配合紧密,否则应将内存取下重新安装。

(5) 取出主板说明书,查看其关于跳线部分的说明,按照说明书的要求,依次对 CPU 供电电压、CPU 类型(厂家及型号)、外频、倍频、CMOS 写入等进行跳线设置;安装 CPU 风扇,将 CPU 风扇电源线连接到主板上。按步骤(1)~(5)仔细检查每一步操作,确保正确无误。

通读主板说明书,了解此主板有何特点,其性能指标有哪些。

2. 主板的固定和接插件的连接

(1) AT 结构主板和 AT 机箱

① 拆开机箱,取出机箱中的附件,将螺丝等小零件放入盖子或其他大口容器内。清点塑料卡、带有螺纹的金属圆柱和螺丝(注意螺丝有粗、细螺纹两种)。

② 双手按在墙面或其他接地良好的物体上,释放掉身上的静电。

③ 将主板放入机箱,根据主板上安装孔的位置选择好机箱上对应的安装孔位置。

④ 将金属圆柱固定在主板上,为保证主板的稳固,至少要固定两个金属圆柱。

⑤ 将塑料卡的尖头插在主板安装孔上(与金属圆柱对应的安装孔除外),塑料卡的布局要合理,可以使主板的每个角都得到固定和支撑。

⑥ 将主板上的塑料卡对准机箱的位置安放好,并将主板向右(或左)移动,使主板固定在机箱上。

⑦ 将绝缘垫套在螺丝上,然后用螺丝将主板固定在螺柱上,用手移动主板,若主板没有丝毫松动时主板即固定好。

⑧ 在机箱电源输出插头中找出两个带有 6 个针脚的插头 P8、P9,插入主板电源接口。连接时 4 根接地黑线必须在中间(即 P8 和 P9 黑线靠黑线)。

⑨ 将机箱电源开关与电源相连(注意:黑、白颜色的线不能在开关的同一侧,机箱电源上一般都带有连接说明)。

⑩ 根据主板说明书将机箱面板上的指示灯和按钮连线的接插件与主板上相对应的跳线一一对应连好。

(2) ATX 结构主板和 ATX 机箱

① 拆开机箱,取出机箱中的附件,将螺丝等小零件放入机盖或其他容器内。

② 将主板放入机箱,根据主板上安装孔的位置调整好机箱上对应的金属支撑圆柱的位置,将绝缘垫套在螺丝上,然后用螺丝将主板固定在机箱上,用手移动主板,若主板没有丝毫松动时主板即固定好。

③ 在机箱电源输出插头中找出一个带有 20 个针脚的插头,插入主板电源接口。

④ 将机箱电源按钮与主板的电源接口相连。

⑤ 根据主板说明书将机箱面板上的指示灯和按钮连线的接插件与主板上相对应的跳线一一对应连接好。

3. 驱动器的安装与连接

(1) 将光驱跳线设置为主盘,固定在机箱 5.25 英寸设备支架上。

(2) 将软盘驱动器固定在机箱 3.5 英寸设备支架上，如果无法用螺丝固定另一侧，可将支架从机箱上卸下后再固定软驱。

(3) 取出硬盘，观察硬盘的主、从跳线状态，跳线应在主盘状态，否则应置新跳线。

(4) 将硬盘固定在机箱 3.5 英寸设备支架上(如果不能固定，应先将硬盘固定架固定在硬盘上，之后将硬盘连同固定架固定在机箱 5.25 英寸设备支架上)。

(5) 将机箱电源上的电源插头分别连接在硬盘、光驱和软驱上。

(6) 将一条 IDE 信号电缆一端连接在硬盘上，另一端连接在主板的主 IDE 接口上，注意电缆红边与 1 号插针相对应。

(7) 将另一条 IDE 信号电缆一端连接在光驱上，另一端连接在主板的从 IDE 接口上，注意电缆红边与 1 号插针相对应。

(8) 将软驱信号电缆反扭一端的插头连接在软驱上，另一端连接到主板的软驱接口上，注意电缆红边与 1 号插针相对应。

(9) 将串行接口和并行接口电缆连接在 AT 结构主板的相应接口上,注意电缆红边与 1 号插针相对应，然后将接口板固定在机箱上(对 ATX 主板无须此步操作)。

4. 适配卡的安装

(1) 取出显卡，辨别其总线方式，认识卡上的显示缓存。

(2) 打开机箱，将显卡插入扩展槽内(ISA、VESA、PCI、ACP 等显卡要插入其对应的扩展槽)。

(3) 依次将其他适配卡插入与其总线方式相匹配的扩展槽中，对同一总线的扩展槽可以任意选择，但应注意适配卡在各插槽中的位置应相对均衡，以利于散热。

(4) 适配卡的触角应完全插入扩展槽，以避免因接触不良造成故障。检查无误后，将适配卡用螺丝固定在机箱上。

(5) 将音频线一端连接到光驱的 Audio-Out 接口，另一端连接到声卡的 CD-IN 接口。

8.5.2 实验二 开机检测及 CMOS 设置

一、实验目的

1. 学会开机前的检查步骤，并能根据开机时的现象判断并排除简单故障。
2. 掌握开机时出现严重故障时的处理方法。
3. 掌握 CMOS 的基本设置方法。
4. 掌握面板上的按钮、指示灯的调整方法。

二、实验器材

安装并连接好的微机系统一套、镊子一把。

三、实验内容

1. 双手按在墙面或其他接地良好的物体上，释放掉身上的静电。

2. 按顺序检查主板电源、跳线是否正确，CPU 和内存是否正确安装，硬盘、光驱和软驱的电源电缆、信号线是否正确连接，机箱内是否有遗落的螺丝、金属碎屑或其他物品。

3. 检查主机与显示器是否已正确连接，确保其电源开关已经关闭，将主机电源电缆插在电源插座上。

4. 接通显示器电源，再接通主机电源，注意观察主机有无异常现象，如果有打火花、冒烟、焦糊味等现象产生，应立即切断电源，认真检查故障原因，确保找到并排除故障后才能再次开机。

5. 如果安装没有错误，显示器将正常显示。如果显示器没有任何显示，且电源确已接通，则可能是出现了致命性错误，请参阅相关章节进行检查排除。

6. 当屏幕显示"按 Del 键进入 BIOS 设置"时，按 Del 键可进入 BIOS 设置的 SETUP 程序(CMOS 设置)。

7. 进入标准 CMOS 设置(Standard BIOS Setup)，设置日期、时间、软驱型号等项。

8. 进入 BIOS 特征设置，将驱动顺序设为"A：C："。

9. 进入 IDE 硬盘自动检测项，检测并设置硬盘参数。

10. 选择保存并退出设置。

11. 检查面板上的按钮和除硬盘指示灯以外的指示灯连接是否正确，如有错误可进行调整。

8.5.3　实验三　软件的安装与设置

一、实验目的

1. 掌握 Windows 7 的安装方法。
2. 掌握显卡、声卡等硬件设备在 Windows 7 下的设置。
3. 学会对有问题的硬件设备进行调整。
4. 学会即插即用和非即插即用设备的安装方法。
5. 进一步掌握硬件设备的调整方法。

二、实验器材

安装并连接好的微机系统；Windows 系统光盘；设备驱动程序。

三、实验内容

1. Windows 系统的安装和硬件设备的设置

(1) 将 Windows 7 系统光盘插入光驱，重新启动。
(2) 安装 Windows 系统。
(3) 设置显卡和声卡，使系统可以正常发声和正确识别显卡。
(4) 对有冲突和问题的设备进行调整。

2. 新设备的添加和设置

(1) 准备好新硬件，并仔细阅读产品说明书。
(2) 关闭主机电源，打开机箱。

(3) 选择好合适的扩展槽，将扩展槽对应的挡板拆下来。

(4) 将适配卡插入扩展槽，用螺丝固定在机箱上。

(5) 将适配卡的连线接好。

(6) 检查无误后，打开显示器和主机电源。

(7) 系统启动后，即插即用型设备随即就可以被系统发现，并自动显示"添加新硬件向导"，根据提示安装驱动程序即可。

(8) 非即插即用型设备系统在启动时不能被系统发现，要通过选择"控制面板"中的"添加新硬件"选项进行搜索。

(9) 如果安装的设备发生了资源冲突，设备将无法正确使用，此时要对该设备占用的系统资源进行调整。